聪明女人的心灵法则

柒幺幺 著

民主与建设出版社
·北京·

© 民主与建设出版社，2024

图书在版编目（CIP）数据

聪明女人的心灵法则 / 柒幺幺著. -- 北京：民主与建设出版社，2018.3（2024.3 重印）

ISBN 978-7-5139-2029-2

Ⅰ.①聪… Ⅱ.①柒… Ⅲ.①女性–成功心理–通俗读物 Ⅳ.① B848.4-49

中国版本图书馆 CIP 数据核字（2018）第 040573 号

聪明女人的心灵法则
CONGMING NVREN DE XINLING FAZE

著　　者	柒幺幺
责任编辑	刘树民
装帧设计	末末美书
出版发行	民主与建设出版社有限责任公司
电　　话	（010）59417747　59419778
社　　址	北京市海淀区西三环中路 10 号望海楼 E 座 7 层
邮　　编	100142
印　　刷	三河市天润建兴印务有限公司
版　　次	2018 年 6 月第 1 版
印　　次	2024 年 3 月第 2 次印刷
开　　本	710mm×1000mm　1/16
印　　张	15
字　　数	230 千字
书　　号	ISBN 978-7-5139-2029-2
定　　价	39.80 元

注：如有印、装质量问题，请与出版社联系。

目 录 CONTENTS

第一辑 CHAPTER 01
打造一张形象魅力名片

- 003 聪明女人都懂得展现自己的独特魅力
- 006 用心装点你的美丽
- 009 让你的眼睛为你的气质锦上添花
- 012 脚上心思不可少
- 015 自信而不自负，自主而不自失
- 018 贪婪的女人难幸福
- 021 跟随对的潮流风向标

第二辑 CHAPTER 02
掌握说话这门艺术

- 027 听懂言语之外的陷阱和谎言
- 030 三思而后语
- 033 察言观色，见什么人说什么话
- 036 用委婉含蓄之语去避免不愉快
- 039 从批评抱怨的对面去说话

042　说话有分寸，切勿把话说绝

044　适时运用幽默的话语达成谈话目的

047　晓之以理，动之以情

050　逢人只说三分话，未可全抛一片心

第三辑 CHAPTER 03
聪明女人的处事大学问

055　懂得凡事未雨绸缪留余地

058　多做人情，人际关系更良好

061　不因失意而气馁，不因得意而忘形

064　懂得示弱，借他人之力走向成功

067　微笑是改善人际关系的重要力量

069　适时沉默是每一个女人的必修课

072　平衡人生过程中的得与失

075　为人处事要处处周全，面面俱到

078　目中无人、潦草大意难成事

080　看清形势，能退能忍成大事

第四辑 CHAPTER 04
用心打造一段理想的爱情

- 085　良策谋真爱
- 088　金钱物质不是衡量爱情的唯一标准
- 091　适当的距离和空间让爱更长久
- 094　做会撒娇的小女人
- 096　温柔是爱的艺术，也是爱的力量
- 099　给自己披上一层朦胧的面纱
- 102　信任是感情的基石

第五辑 CHAPTER 05
良好的夫妻关系离不开女人的用心

- 107　适当地给对方一个独立空间
- 109　识大体的女人更幸福
- 111　女人的赞美是男人最大的动力
- 113　事业大女人，家庭小女人
- 115　维护男人的尊严是再明智不过的举动
- 117　上得厅堂，更下得厨房

119　交心是维系感情的最佳方法
121　用欣赏的眼光看待他
124　善解人意是抓住人心的一大法宝
127　做个出色的倾听者

第六辑　CHAPTER 06
精心把家庭经营得有条不紊

131　处理好家庭的琐碎之事
133　创建和谐的家庭氛围
136　用宽容之心对待家庭小矛盾
138　过度攀比会降低幸福指数
141　创建融洽的邻里关系
143　镇定应对"第三者"的"入侵"
149　完美婚姻不是等来的
152　想方设法提前避免感情亮红灯
156　婆媳亲密相处有道

第七辑 CHAPTER 07
扩展人脉，建立良好的人际关系

- 161　初次印象尤为关键
- 164　隔帘看花更动人
- 167　社交禁忌需牢记
- 170　会"装傻"的女人最聪明
- 173　树立良好的交际心理
- 176　别与另一半的朋友圈绝缘

第八辑 CHAPTER 08
聪明女人，生财有道

- 181　学会理财更有助于家庭美满
- 184　会积蓄财富的女人更优秀
- 187　理财有道才能成为理财达人
- 190　记好账才能理好财
- 193　在如何理财上下点狠功夫
- 196　盲目消费有违理财之本

199　合理消费，智慧省钱

202　送礼也有省钱学问

205　多点"计较"，多点财

208　做经济独立的新时代女性

第九辑 CHAPTER 09
做新时代的职场女性非难事

213　不要吝啬与他人分享你的荣耀

216　与"职场红人"打好关系

219　职场小人物也有大影响

222　职场也需多些包容心态

225　职场女性更要学会自我保护

227　对待同事一视同仁

230　与异性同事相处有度

第一辑 打造一张形象魅力名片

CHAPTER 01

常言道:"世界上没有丑女人,只有不会打扮的女人。"不论你的长相有多么说不过去,也不论你有没有什么天生丽质,只要善于在装扮上花费"心计",就一定能够展现出亮丽的自我。做一个爱装扮的女人吧,只有这样,才不至于让衰老靠近你,才不至于让卑微走近你,才不至于让魅力远离你!

聪明女人都懂得展现自己的独特魅力

｛让你的魅力从内在散发出来｝

女人，让这个世界显得更加美好和多彩，有人用"有灵魂的艺术品"来形容女人，而艺术品就贵在其形象精美独特，同样，形象对于女人来说也是非常重要的。形象体现了一个人的修养与品位，是人内在情操的最直接体现。你拥有什么样的生活态度和精神内涵，都会在你的形象上得到诠释，通过解读你的形象，周围的人才可以认识你，了解你，进而成为你的朋友、客户或者伴侣。形象甚至还会决定一个女人的命运，因为属于每个人的机会都是有限的，你没有注重自己的形象，让能够决定你命运的人对你产生误会甚至是反感，这是非常遗憾的事情。可可·香奈儿说过这样一句话："永远要以最得体的打扮出门，因为，也许就在你转弯的墙角，你会遇到今生至爱的人。"我们可以把这句话理解为法国式的骨子里的浪漫，也可以理解为女人装扮的最高境界：不能放过每个细节，一秒钟都不能懈怠。无论你是居家女人还是派对女王，在何种场合应该做何种装扮，精明女人都会有最恰当的安排。装扮是女人的第二语言，哪怕不交谈，它也会一目了然地告诉别人，你的职业、品位、个人气质和文化层次。所以，即使是周末的午后，在阳台的躺椅上小憩，也要穿上最雅致的便服。因此，要想做一个魅力十足的女人，就要时刻注意自己的形象，从起跑线上就赢人一分。

女人的外在形象，不仅是指其外貌、形体，还包括其服装、妆容、举止、谈吐等。有哲人曾经说过，人们无法增加自己的高度，但是能够增添自己的深度和宽度。人的五官是父母赐予的，但是脸上的表情却是可以改善的，虽然你的样子不是最美的，但是你可以让自己笑得最美。虽说美丽是女人的通行证，美丽的女人容易引起别人的注意力和好感，但这并不是绝对的。再美丽的女人，当脸上充满鄙夷和厌恶的表情时，也没有人愿意接触她。无论长相多么平凡的女人，当她的脸上总是挂着自信与友善的笑容时，肯定会有很多人愿意与之交往，并且随着深入的了解，这样的女人才会得到大家的爱戴。美丽的外表对于女人来说，可以为自己建立良好的第一印象，但是要想维系长久的人际关系则要依靠宽容、友善等积极的人格特质，外表的影响会随着时间的推移渐渐减弱。

从男人的角度讲，一个善良的丑女人和一个漂亮的坏女人，想结婚的人会选择前者，只想谈谈恋爱的则会选择后者，也就是说，即使你相貌平凡，只要拥有好的品质就能得到长远的幸福，而一个美貌的蛇蝎女人，则难以找到自己的归宿。

一个真正有魅力和吸引力的女人，往往具有良好的性格，当人们想起她的时候，就会想到她友善的表情、得体的衣着和大方的谈吐等，高挑性感已经不再是被人关注的焦点。相反，一个从本质上就不受人欢迎的人，她的性感和高挑反而会为她减分，人们对她的评价是"徒有其表"。

接受自己天生的形象，正视自己的优缺点是塑造良好形象的第一步。只有对自己有充分的了解，才能适当地进行修饰。然后，根据自己的年龄、身份，根据不同的场合，进行适当的装扮。虽然，天然朴素也是一种不错的风格，但在现代社会，外在的装扮和职业属性有着很密切的联系。为了更好地维护自己的人际圈子，开展工作、融入社会，应该把化妆与着装放到一个重要的位置。一个连自己形象都不注重的女人，怎能让男人为之倾心？

{职场女性礼仪形象禁忌}

如今女人早已走出家门，在职场上开创出了非凡的业绩。然而在20世纪60年代前后，甚至直到80年代，有很多男性管理人员还曾不断地抗议："妇女是不能派到世界各地从事商业活动的。因为，这样做太危险了，况且，她们不可能被国际商接受。"但是随着时间推移、社会的发展更重要的是女人自身的努力，这种看法正在迅速地消失。

有关调查显示，关于"女性在职场上重要的资本是什么？"据统计，40%的白领人士选择的是能力，容貌占了33%，关系14%，学历8%，职位和金钱各占2.5%，很明显女人的形象在职场中所占的位置是很重要的。因此，身为职场女性要顺应社会的需求，时刻注意自己的形象仪容，让自己更加赏心悦目。

金融海啸一到来，华尔街就有大批女人涌进理发店、美容机构，在能力、学历差别不太明显的情况下，容光焕发、神采奕奕、精神饱满的妆容形象，老板至少会因其看上去依然保持积极的状态而对去留手下留情。

早在半个世纪之前，香奈儿夫人就放出豪言："不化妆，不注意形象的女人没有未来。"她每天都精心地装扮自己，让自己时刻保持良好的状态。她说："因为我不知道机会何时到来，所以，每天都化一个淡妆，精心搭配，做好迎接机遇的准备。"

正如香奈儿夫人所说，机会随时都可能降临，因此要时刻准备着，最起码要避讳一些职场礼仪形象禁忌：

1. 细节决定成败

衣服、鞋子、包、腰带、配饰等，能体现你形象的每一件，都不能被忽视。整理好你的衣橱，把这些东西安排得井井有条，搭配得美妙绝伦，能为你省去很多时间。

2. 不要忽视着装

强调穿衣是"形象工程"的大事。西方的服装设计大师认为："服装不能造出完人，但是第一印象的80%来自于着装。"形象设计大师乔恩·莫利曾经这样解读过职场女性："穿着不当和不懂得穿衣的女人永远不能上升到管理阶层！研究证明，穿着得体虽然不是保证女人成功的唯一因素，但是，穿着不当却保证一个女人事业的失败！"由此可见，着装对于形象是多么重要。

3. 娃娃音禁忌

讲话声音做作，故意嗲声嗲气的娃娃音并不适合所有女性，甚至是运用它的人很少会有成功的。一般在职场上有所成就的女人，其给人的印象应该是女强人，至少不是那种娇滴滴的小女人。试想如果你听到杨澜在社交场合用撒娇的语气与别人交流，你能不能接受这样的颠覆。如果想用小女人的武器——娃娃音来说话，首先要掂量一下自己的魅力和相貌能不能与林志玲相媲美。

4. 女性抽烟

有很多人觉得熟女抽烟是气质和性感的象征，这就大错特错了。实际上，即使在这个男女平等的年代，女性抽烟并非像男性抽烟那么容易被认可，这是职场女性的一大美丽禁忌，除非你能像玫琳凯·德娜芙那般风华绝代或者像凯特·莫丝那样永远能走在时尚的最前端，否则千万不要轻易拿自己的形象冒险，况且就连玫琳凯都已经戒烟了。

无论从着装还是从说话声音和方式、细节方面，都不能忽略你的身份所应该具有的形象。

用心装点你的美丽

{ 爱化妆的女人，由内而外美起来 }

每一个聪明的女人都有一样积极的生活需要，那就是化妆，而会化妆则需要女人更有心计，也是女人智慧的体现。但是，想要在养颜护肤上有所作为，女性除了使用整套的护肤品外，更应该注意以内养外，因为机体的酸碱度平衡是美容护肤的关键因素之一。比如说体质酸化，会对皮肤产生恶劣的影响。在酸性环境下，皮肤会失去光泽，变得粗糙，产生色素沉淀，毛孔增大，有些女性还会因为摄入过多的酸性食物而反复长痘。因此，要想拥有好的皮肤体内环境就要呈碱性，日常生活中摄入碱性食物会使皮肤更加健康美丽。

碱性食物，并不是指味道上的碱性。人们摄入的食物，经过消化道的分解，有的会产生碱性物质，有的会产生酸性物质。例如，豆类、米面、肉类、鱼类、蛋类、虾贝类等食物，在体内经过氧化分解后会产生带阴离子的酸根，从而使血液、淋巴呈酸性，因此，这些食物就是酸性食物。相反，大多数的水果、蔬菜如山楂、酸枣、草莓、苹果、橘子等，虽然富含有机酸，给人的味觉体验是酸性的，但是因为它们含有钙、钠、钾、镁等碱元素，这些食物被归类为碱性食物。

经过测定，在人们经常食用的碱性食物中，其碱性的大小依次为：海带、黄豆、甘薯、土豆、萝卜、柑橘、西红柿、苹果。酸性食物的酸度大小依次为：鱼肉、蛋、糙米、大麦、蚕豆、精米、面粉。

下面为爱美的女性提供一些对你的妆容有影响的细节问题：

饮食原则：

1. 每日饮食中，酸碱食物的比例1∶4比较适宜；
2. 尽量吃偏碱性的食物，以中和必须摄取的酸性食物；
3. 如果过量食用碱性食物，也会引起营养不均衡而导致皮肤病。因此，单纯地吃碱性食物只能安排在要纠正体内酸性环境的一段时间内，而不能长期单纯地吃碱性食物；

此外，英国曾经有一项调查显示，人体的内脏，比如心脏、胃、肾等都与脸上的不同部位有特定的联系，因此，爱美的女人，可以吃出更漂亮的脸：

1. 去皱纹：如果额头的皱纹增加，说明肝脏的负担过重。因此，必须戒酒、戒烟，少吃动物脂肪，而且每天要坚持多喝水。

2. 淡化黑眼圈：如果你发现自己的眼圈发黑，眼神无光，说明你的肾负担过重。要少吃盐、糖，少喝咖啡，多吃点萝卜。

3. 润色：如果发现自己的脸色不好，脸颊发灰，说明你的身体缺氧，肺部功能不是很好。多去公园呼吸新鲜空气，补充绿色蔬菜，适当增加蛋白质、矿物质和粗纤维的摄入。

4. 美唇：如果发现自己的双唇莫名地肿胀，这往往是由于胃痉挛引起的。土豆对胃有很大的好处，有暖胃的功效，从而间接有美唇的作用。

5. 放松鼻子：如果早上醒来发现自己的鼻子发红，就要审视一下自己是否摄入了过多的糖。过量的巧克力和甜食会在鼻尖上形成红色血管，这时可以多吃点果仁、水果和鲜奶。如果整个鼻子通红，就说明心脏超负荷了，应该立即放松、休息并戒烟，少吃含脂肪的东西。

女人的妆容在很大程度上要依赖于内在的健康，如果皮肤、面容存在很大的健康问题，用再高级的化妆品也只是用来遮住你的缺点而已。而好的化妆品再加上健康的体质养出的好皮肤，就是锦上添花。两者给人的印象都是美，但是两种美的感觉却是截然不同的，后者会让女人更具魅力。因此，拥有美丽的妆容，最好还是由内而外的，否则再美的容颜，卸妆以后会让你的信心受到很大的伤害，没有自信的女人，怎能得到其他人的信任和爱戴？

{ 化妆细节，让你的妆容无懈可击 }

妆容，对于女人来说就是全部，自信、气质都能从脸上体现出来。因此，女人的妆容是一切外在美的最集中体现。一个衣着华丽的女人，佩戴顶级钻石珠宝，但是人们最终的焦点还会集中到其妆容上，而很多细节问题也会成为一次化妆成败的关键。

首先，从嘴开始，做到四点，让你的唇部性感迷人。

其实只要掌握好化唇妆的几个简单要诀，你就能拥有亮丽迷人的完美嘴唇。

1. 唇彩的选择

找出自己的皮肤特色，选择适合自己的唇彩。皮肤白皙的人对任何一种颜色的唇膏都适用，不过最好以柔和的明亮色系为主，否则会因为唇膏的颜色与肤色反差较大而过于抢眼。肤色偏黑的人适合用暗红、棕红等明亮度较低的颜色，色泽也要稍深一些，否则不足以醒目。肤色发黄的人，要尽量避免使用黄色系列唇膏，最好选用红色系或粉红色系唇膏，这样可以增加唇部和脸部的明亮度。

2. 为唇打底

将粉底霜涂在唇的四周及脸的下半部，使之遮盖变色部位。唇上扑粉以固定色彩，避免唇膏渗色。试用珠光唇部固色剂可使色彩真实自然，更加持久。

3. 描唇

描唇时可用一种颜色涂满唇部，也可以在唇的外圈使用较浓重的颜色，而使中间部位的颜色逐渐淡入。不用描唇笔，用中指快速简练地在唇上着色，稍稍参差不齐的唇边看来会更加自然。

4. 唇部保养

对唇部美好的外观的保养要加倍注意，除了每周做一次去除干燥表皮的工作，养成使唇部终日湿润的习惯外，最好使用具有保湿作用的唇膏。

唇刷可轻松描绘完美饱和的唇彩，面巾纸是不小心涂抹过多的唇彩时可随时擦拭的工具，而棉花棒则是可修饰轮廓的重要工具。这些都是女人拥有迷人唇部的必备小工具。

"眼睛是心灵的窗户"是人们常说的一句话，那么眉毛就是衬托眼睛的绿叶。眉型是否适宜，直接影响着女人的妆容，浓淡有致、粗细合理、长短适度，不仅可以将眼睛衬托得熠熠有神，也能为整个面颊带来神采。理想的眉形应是眉头和眉梢处于同一条水平线上，其位置根据脸形来定；眉头在同侧鼻翼与内眼角连线的延长线上；眉峰在经过黑眼球外侧，平行于鼻梁的直线上，眉峰与眉头的高度差应视具体的脸形来定；眉梢在同侧鼻翼与外眼角连线的延长线上。

让你的眼睛
为你的气质锦上添花

{ 保养会说话的迷人眼睛 }

　　人最会说话的部位不是嘴巴，而是眼睛。很多微妙的感情都能从人的眼睛中得到答案，男人喜欢女人大大、黑黑的眼睛，因为当中蕴含了很多的深沉，明亮的眼睛充满了生命的活力，会说话的眼睛能代替嘴传达复杂的信息。

　　女人也是最擅长运用眼睛的，她们感情细腻，也总能通过眼睛诠释不同的想法。当一个女人注视你的时候，她是在质问。她想从你脸上看到你的心底，从你的手上看到你的灵魂；当一个女人凝视你的时候，她是在期待，希望你说出她心里想说而嘴上不愿说的话，或者是恭维，或者是赞美，或者是爱的信号；当一个人避开你的眼光的时候，她是在掩盖。她不希望你看她太清，离她太近。这实际上，就是发出距离的信号。因为女人懂得，只有距离，才能更好地保护自己；当一个女人闪视你的时候，她在向你说："我跟你说了假话"。她想试试男人的悟性，考考男人判断的能力；当一个女人斜视你的时候，这表达了心理的一种轻蔑。这就是说，她有些瞧不起你。有自知之明的男人，在这种情况下最好体面地离开；当一个女人仰视你的时候，这是一种尊重。表明你在她的心目中有一定的分量。至少你在她心灵的空间里，占有一定的位置；当一个女人俯视你的时候，那是她盛气凌人的表现。或者说，这是她自我优越的体现。不管这种优越是真还是假；当一个女人瞪视你的时候，这是一种恐惧。或者说，这是一种戒备，一种反抗。总之，聪明的女人懂得用眼睛说话，往往也能得到更好的效果。

　　眼睛，对于女人来说是有如此大的作用，当它为女人带来很多便利的时候，女人也要对其呵护备至，否则就会失去这个好助手，就会失去一个迷人的重大筹码。以下的方法让女人爱护好自己宝贵的眼睛。

　　不要"目不转睛"，平时要注意频繁并完整地完成眨眼动作，经常眨眼可以减少眼球暴露于空气中的时间，避免泪液的蒸发。吹空调的时间不要太久，避免座位上有气流吹过,并在座位的附近放置一杯茶水,以增加周围环境的湿度。多吃各种水果,特别是柑橘之类的水果,以及绿色蔬菜,多喝水也对减轻眼睛的干涩有很大的帮助。要保持良好的生活作息习惯,睡眠充足,不熬夜。

工作时,避免过长时间操作电脑,注意让眼睛有休息的时间,一般在电脑前工作1小时就要休息5~10分钟,休息时可以远眺或做眼保健操。保持良好的工作姿势,保持一个最适当的姿势,使眼睛平视或者俯视电脑屏幕,这样可以放松颈部的肌肉,并使眼球暴露于空气中的面积减到最低。调整荧光屏距离位置。建议距离为50~70厘米,而荧光屏应略低于眼水平位置10~20厘米,呈15~20度的下视角。因为角度及距离能降低对屈光的需求,减少眼球疲劳的概率。如果你本来泪水分泌较少,眼睛容易干涩,在电脑前就不适合使用隐形眼镜,要戴框架眼镜,即使佩戴隐形眼镜也要选择透氧度高的品种。

想要拥有一双迷人的眼睛,首先要保持眼部的健康,病态的眼睛会让女人失去自信的同时也失去迷人的眼神。让自己的双眼由内而外,为你的迷人气质锦上添花。

{ 眼部化妆,给你一双"迷人眼" }

眼睛,在五官中占有很重要的位置,其丰富的表情和夺人心魄的魅力让其成为面部的主角。即使你没有大而有神的眼睛,也不必苦恼。小眼睛能给人和善、温柔的感觉,而且只要能巧妙地使用眼部化妆品,就可以改变你对眼部所有的不满。一般来说,眼部化妆要利用眼影、眼线、睫毛膏的色彩,创造出千变万化的造型,让整个面容熠熠生辉,光彩照人。想让你的眼睛增添一些妩媚和神采,不妨试试以下的妙招:

1. 选择和肤色相近的茶色或棕色系眼影,在眼尾的睫毛处轻轻涂抹,可使眼睛有明显的增大感。但要注意,每次涂抹应沾少量眼影粉,切记要多次涂抹,而不能为了省力而一次涂抹很多。

2. 眼线要画在睫毛根部,一定要使用比眼影深一系的眼线笔,才能使眼睛看起来乌黑有神。完成眼线后,用棉棒将其轻轻晕开,使之呈现模糊状,如此,眼部看起来便更显自然,更加迷人。

3. 在眉下部位,涂上具有透明感的亮色眼影,以增加眉毛的高度及眼睛的明亮度。

4. 下眼睑涂上冷色调的眼影,可采用刚刚用过的步骤。注意,眼影要从眼角刷向眼尾,以增大眼睛的轮廓。

5. 将上睫毛涂上睫毛膏，以增加睫毛的浓度和密度，使眼部看起来更有立体感。

6. 不要忘了涂下睫毛。因为浓黑的下睫毛可使眼睛增大，轮廓明显。

只要你肯花一番心思装扮自己的眼睛，就一定能拥有一双美丽而迷人的大眼睛。此外，不同的眼睛也要用不同的化妆方法，才能让自己的眼部化妆更具针对性。

首先是大眼睛，大眼睛明亮、华丽，但是给人"一本正经"的感觉。第一种化妆法：眼影用褐色或灰色，使之清秀深邃，上下眼线要整洁清秀，强调色要配合衣服的颜色，这样就突出了明亮、华丽的特点。第二种化妆法：眼影用褐色，界线要浅淡；眼线要细，下眼线可用黑色或带花色的眼线笔染。这样的化妆方法会让你的大眼睛显得质朴诚挚。

其次是吊眼，吊眼显得人灵敏机智、目光锐利，但看起来给人一种冷淡、严厉的感觉。第一种化妆法：内眼角上的眼影要高，外眼角眼影末端要细，加暖色；上眼线末端稍微朝下，下眼睑眼角加眼影和眼线，这样就使得严厉的目光变得和蔼了。第二种化妆法：用灰色眼影使眼角细长，界线不要分明，上下外眼角加眼线，眼影由下向上挑。

深眼窝显得整洁舒展，年轻时像"大人相"，年老时显得憔悴。第一种化妆法：眼影用亮色，眉骨用发红的褐色，亮色上方加少许发红的颜色（如紫色、粉红色），这样就变得丰满厚实。第二种化妆法：凹的地方用暖色（如紫色），眼线自然，显得秀丽。

垂眼角显得天真可爱，但给人阴郁的感觉。第一种化妆法：内眼角加眼线，内眼角加褐色眼影；外眼角用褐色晕染，下眼线向外眼角挑起，这样就显得老练了。第二种化妆法：眼睑从内眼角起加眼影，在下眼睑外眼角处画出眼影和眼线，这就突出了天真。

肿眼泡看起来不太美观，给人以阴郁、迟钝的感觉。第一种化妆法：上眼睑涂冷色显得清爽，暗灰色眼影呈带状，跟线要细，这样就给人一种冷静的印象。第二种化妆法：上下标的竖线区域涂亮色，上边靠近眼睛的地方涂黑色或暗灰色，这样会让你看上去显得整洁深邃。

眼睛能显示出一个女人的内涵和气质，花点心思，别让自己的眼神透露出空洞。即使你对自己的涵养很自信，也离不开眼睛的点缀，没有活力的眼神会让你所有的优点黯然失色。不在自己的眼睛上下点功夫，别人永远认识不到你的好，而只能看到你无限放大的缺点，这不能怨别人挑剔或没眼光，只能怪你自己疏于对自己的装扮。

脚上心思不可少

{ 穿出丝袜的精彩 }

曾经有人对男人做过这样一个心理测验：女人什么样的背影最让你销魂？一半的男人回答：乌黑亮丽的长发从肩上垂下来的少女；另一半的回答是：穿上丝袜的少妇。那么，在现实生活中，女人怎样才能穿出丝袜的精彩呢？

1. 丝袜色彩的选择

不同的场合，需要对丝袜的颜色有所选择。

社交场合适宜穿灰色调的丝袜，酒红、灰、黑、紫等颜色的丝袜让女人显得庄重、高贵而且沉稳；娱乐场合，适合穿艳丽色彩的丝袜，能表现出自我，明橙、柠黄、水绿色都是不错的选择；工作场合，则应该穿深色的丝袜，银灰、深蓝、黑色能尽显你冷静、智慧的一面；在家庭或者朋友的聚会上，轻快的色彩很受欢迎，淡粉、珍珠白、浅黄等颜色都能起到调节心情和气氛的作用；运动场合，要选择明亮的颜色，红色、黄色、白色会让你看上去充满活力。

另外，运用色彩还可以改变女人的身材。体型较胖的人适宜穿深色和冷色等具有收缩感的色彩，如深蓝、紫、黑等。身材较瘦小的人，适合穿明色、暖色系等具有扩张感的色彩，如纯白、天蓝、水绿、红色等。

2. 彩色丝袜的搭配

彩色的丝袜越是"新锐"，就要越具有相当的服饰颜色搭配功力，只要掌握三个法则就能搭出精彩：丝袜色调与上衣的颜色相呼应，不使丝袜太扎眼，对于颜色多而复杂的上衣，丝袜的颜色要与上衣中比较抢眼的颜色一致；丝袜与其他配饰的颜色尽量一致，并且与裙装是同色系；"色"到为止，全身的色彩，包括配饰的颜色，绝对不要超过4种。

{鞋——经典女人的点缀}

美丽迷人的女人总是会和漂亮的鞋子解下情缘。人们常说：人没鞋，穷半截。鞋之于女人，自古便有性感之物的书法。但如今人们的生活内容和方式都变了，唯独鞋在女人的心目中的位置没变，对于女人装扮的重要性也没变。随着商务社会的进化，再加上全球中性流行风越刮越紧，很多女人从背后看起来，几乎与男人没有什么区别了。在中性化的上衣长裤包裹下，女性的装扮特征所能表现的区域越来越狭窄，几乎只剩下头部和脚部的装扮了。

女人想要留住自己的独特迷人的女性特征，就要在头部和脚部上下功夫了。头部的打造几乎没有人敢忽略，但是脚部的装扮往往会被人疏忽。香奈儿女士曾经说过："鞋子是优雅最重要的一部分。一双好鞋可以衬托出女性优雅的气质。"

女人的鞋不在多，而在全面。哪怕只有三四双，也必须表达出你是个既重视工作又没有失去生活情趣的女人。

女人鞋柜必备：

1. 靴子

靴子适合于牛仔裤和脚蹬裤这类紧瘦的裤子搭配，不宜与西裤、宽筒裤搭配。装饰复杂时尚的高筒靴只适合腿长、个高的女性。对于腿型好看的女性，短裙搭配中筒靴最为合适。短筒靴对中年及职业女性尤为适合，无论穿裙子还是裤子，这样的靴子都会让她们看起来更加成熟稳重。

2. 轻盈便鞋

圆头或小方头的便装皮鞋舒适清朗，一般由小牛皮、磨砂皮等质料制成。如果你追赶潮流，又不想失去淑女风范，它将是你最佳的选择。而木屐式便鞋，3厘米高的粗跟在木质地板上可踏出犹如古筝般的乐声，若你配以双肩吊带中式长裙，宛如典型的东方美人款款而来。经典女鞋深受都市成熟女性的青睐，比较确切地勾画了她们虽然丰满但依然曲线玲珑的身材，也对应了她们以精巧的饰品和精美的服装构成的那份精致和美丽。在此类鞋款中，色彩一般以黑、灰等暗色为主，皮革以质地细腻、柔软、光亮的小牛皮为主，也有一些翻毛皮与鳄鱼皮。如果把鞋头尖尖、后跟高高的经典女鞋与华丽的晚装礼服搭配，性感的你会更显婀娜多姿，于优雅的经典中透出一些前卫。

3. 休闲运动鞋

休闲运动鞋多采用新型材料，轻便透气、便捷自如，会让你在闲暇时段感受到生活的轻松。高帮复古球鞋于前卫中透出古典之美，可与简洁优雅的裙装相配；橡胶鞋底向前延伸上翘至鞋尖，若与T恤相配，青春靓丽之美将不言而喻。

4. 厚底女鞋

厚底女鞋看上去又厚、又笨、又重，许多女人之所以对它情有独钟，原因之一恐怕是这类鞋可以帮助她们获得物理意义上的高度，使她们在人群中"出类拔萃"。确实，厚底鞋若搭配得当，可穿出别具一格的美感来。但身材娇小的女性，若穿上厚底鞋，会使原来的玲珑、纤巧、细弱的美感荡然无存，给人滑稽之感；而身材本来就高大的女人，厚底鞋会令她们处于高耸入云的境地。

5. 高跟鞋

大多数追求时尚的女性都喜欢高跟鞋，因为高跟鞋能增加人的高度，使得身材看起来更加苗条、秀丽。同时，穿高跟鞋还可以使人挺胸收腹，显得精神。此外，高度适宜的高跟鞋（2～3厘米为宜），鞋底的造型也正好符合正常人的足弓，这样可使脚掌受力均匀，无论是站立，还是行走都不会感到很累。此外，有平足的女性经常穿高跟鞋，还能起到矫形的作用。

一个不修边幅的女人一般会穿旅游鞋或拖鞋，但是穿高跟鞋绝对能让人精神百倍。高跟鞋和丝袜使得美丽经历了本质的转换，穿高跟鞋对女人的重要性绝不亚于在脸上抹脂粉，以前需要从头做起的事现在从脚做起，意义是极其重大的。到现代，高跟鞋对于女人来说更是性感的代言词。鞋跟越来越高，越来越细，一旦穿上高跟鞋，胸就会自然挺立，臀部的弧线也会显得更加紧翘，视觉上强化了女性特质，显示出前凸后翘的曲线，自然会富有女人味。

衣服是穿给别人看的，内衣是穿给伴侣看的，而唯独鞋子是为自己穿的。一双美丽的鞋，不仅会带给你视觉上的满足，更能给你带来心灵上的喜悦。因此，对鞋子很挑剔的女人才是懂得生活，懂得对自己好的女人。对鞋子不屑一顾的女人，不仅不能给自己生活带来美和情趣，也会影响别人对你的兴趣。可见不在自己的鞋子上费点心计，不仅对不起自己的脚和生活，还会对自己的吸引力有很大的影响，这都是你的懒惰和粗心惹的祸。

自信而不自负，自主而不自失

{ 女人就要这样自信 }

做一个自信的女人，无论在家庭还是事业上，都要有压倒一片的信心。女人培养自信也是拥有更迷人气质的基础，没有自信的女人不仅会是个失败者，失去吸引力也是必然的。

做一个自信的女人，也许会疲劳，因为自信会带来众人的期待和信任，会令她走近一个又一个劳心劳力的圈子，但是自信的她们总有办法用最短的时间和最恰当的方式处理妥当。即使有很大压力也会在众人的赞叹声中，保持自信的微笑。

自信的女人不一定就是女强人，女强人的雷厉风行和不可一世让人敬而远之。但是自信的女人，刚强、柔弱或是中性者都有，也都很易于接近。自信而刚强的女人会露出豪爽的一面，用其坦诚和爽朗让人心悦诚服；自信而柔弱的女人，容易使人对其产生怜爱，进而心甘情愿为之做任何事；自信而中性的女人，无论男人还是女人，都会欣赏佩服她，这更是一种自省的洒脱。

自信的女人不一定要国色天香，甚至相貌平平，但她们却因为自信而变得光彩耀人、高贵淡雅。但是自信不等同于自负，而且过分自信的女人也很容易变得自负。自负的女人，或者容貌出众，或者才华横溢，或者家财万贯，或者权倾一时。而自信的女人可能一无所有。

然而，这两者的区别却又如此明显，自负的女人总是目空一切，高高凌驾于众人之上，仗着自己的优势，不肯轻易向凡间俗物略微点头，给人一种望而生畏的感觉。而自信的女人，因为自信而多了平和，多了宽容，多了礼貌，多了和颜悦色，因而，众人眼中的她，犹如圣母玛利亚般平易近人，因而愿意与之亲近。

自信的女人也不一定要拥有自己的事业，但是拥有事业的她们一定能挥洒自如，让上下级、同事甚至对手都能心悦诚服。自信的女人懂得什么才是最重要的，弱水三千，只取一瓢，这便是她们的睿智所在。

在四十多年前，美国第一家女性刊物的创始人葛罗莉亚，与朋友一起合办的《女人》杂志诞生了。杂志的内容包括了女性要求取消法律中对堕胎妇女的制裁，反对性骚扰和家庭暴力。这是第一份女性杂志的创刊，当时立即引起了保守人士的关注。一位报界的知名人士甚至断言，用不了半年的时间，这家杂志就会完蛋。结果由葛罗莉亚的直接经营它办了十五年之久，后来又经过风风雨雨生存至今。现在，《女士》基本上是全美对世界妇女问题报道最多的杂志。

葛罗莉亚从小家境贫寒，十岁时，她和母亲被父亲抛弃，过着更加艰难的生活，但她并没有因此倒下，反而靠自己的勤奋完成了学业，后来的工作经历也充满挫折，但是她并没有向命运屈服，最终有了自己的事业。《世界年鉴》曾有十年列举25名在美国最有影响力的女性，葛罗莉亚有九年被选中，被誉为美国最自信的女人，也是女人靠自信闯天下的典范。

葛罗莉亚，在贫困中苦苦挣扎，从逆境中频频突破，取得了惊人的成果，站在了常人难以攀登的巅峰。她靠的只有自己的自信和努力，她曾经说过："我不相信有什么是不可避免的，我们不应当问'将来会怎样'，而是必须追问'我们设想将来会怎样'。"在竞技场上，自信人未必能夺冠，但夺冠人必是自信强者。胜利源于高于常人的自信，源于对权威和业界大佬挑战的勇气。每个女人都有自信的权利和必要，让自己活得洒脱、有意义、有吸引力，不懂得自信力量的女人只能在混沌中蹉跎人生，得不到更多人的关注和青睐是理所当然的。

{ 小心在感情中丢失自信 }

女为悦己者容，女人都想得到心仪男人的倾心，于是很多人把自己打扮得妖娆美丽，但其实大多数男人并不喜欢浓妆艳抹的女人，反而喜欢看到女人素颜的真实面目，而自信的女人敢于将自己并不是很白皙的皮肤拿来示众，对自己不美的一面不故意遮掩，用自己的内涵来征服想得到的，事实证明这也是最可靠的方式。女人不小心丢掉自己的自信是一件很麻烦的事情，在感情的世界里就只能被动接受，而不是被人接受，要想得到自己想要的感情，就要主动出击，重拾自信，理智地分析怎样才能让自己魅力十足，懒得那样做或者不屑于这样做的女人，迟早会因为没有自信而输得很惨。

女人只要有了自信，就有了自己独立的思想和坚定的人生观。这样的女人往往知道自己想要什么，能要什么。而且，做一个自信的女人，会让你比以前更快乐，因为对感情的自信而不会把所有的心思都放在一个男人身上，而是做自己想做的事，不断地提高自己，当你成为一个成熟而自信的女人时，男人自然会被你的魅力所吸引，这时，你就会轻而易举地得到你想要的感情。这未尝不是一种心计，自信的女人把男人晾到一边，做自己应该做的事，当你具有足够资本和气质的时候，就是"不劳而获"得到感情的时候。

一个总是担心得不到男人的爱的女人，反而会把男人看得很紧，并且不惜在感情中做一只顺从的羔羊，但到头来，也不一定能得到善果。这就是不自信的表现，很多女人在患得患失的同时一不小心就会成为这样的女人而不自知，直到悲剧到来的那天，失去了最在乎的，才幡然醒悟。

当然，很多女人都明白，做一个自信的女人能让自己得到更好的结果，不自信的女人一般不会有什么好的结局。而一旦坠入爱河，就会不由自主地将原本的自信丢到一边，过分地迁就自己在乎的人，努力维持自己的感情，甚至失去自我。就这样，原本拥有自信的女人先是失去了自信，到最后也没有得到自己想要的感情。因此，在感情中坚守自信是很重要的。

贪婪的女人难幸福

{知足常乐,美丽永驻}

知足,强调的是一种心态,这种心态是人们保持快乐、幸福的基础,拥有这种心态的女人能美丽常驻。相反,生活中很多不愉快都是由无法满足的欲望引起的,女人红颜早衰也与不知足有很大的关系,因为不满足让她们总是生活在焦虑、期待甚至是嫉妒中,这些情绪正是导致人衰老的消极因素。

有时候,能将人打败的或许并不是外界恶劣的条件,而是人的内心,心态对于一个人的影响是不容忽视的。聪明的女人,会多花点心思让自己变得更有魅力,而不是徘徊在消极心态中怨天尤人。知足,就是要用正确的心态对待荣辱得失,没有了患得患失,没有了精神负担,便能轻松上阵,专心于更重要的事情。因为知足,女人的脸上才总会挂着灿烂的笑容,这种发自内心的快乐使女人越来越美丽。

肖宜和很多白领一样,工作忙碌,每个月的收入主要用来交房贷、养车,但也很充实。肖宜出生在山区,从小家庭贫困,高中和大学都是靠自己兼职和亲戚的接济完成的。但是幸运的是,大学毕业后,她找了一份好工作,仅仅过了两三年就买了一套小房子,后来又买了车,生活过得也算惬意。

对于一个出身贫寒的女孩来说,能靠自己的能力在很短的时间内在都市里过上如此的生活,应该很满足了。但是在一次同学聚会上,让她感到意外的是,这几个同学基本上都比她要幸运。当年的同室铁杆好友小轩,嫁了个地产商,钱多得用不完。了解到她们的情况后,肖宜心里感到很失落。看自己的工作,也觉得越来越不如意了。她认为自己干得多,拿的钱少。有些老员工水平实在是很差,但是他们的薪水都比她还高。以前她还没意识到这个问题,她觉得在公司里的待遇并不是她原来想象的那样好。后来,便吃饭不香,睡觉不安,工作没劲,不仅业绩下滑,还憔悴了很多。

其实,肖宜的困惑就在于和同学的比较,最终导致目标迷失,失去自我。肖宜失去的不仅仅是以前的惬意感，更现实的是如果长此以往，很可能会在消极悲观中失去美好的生活，被社会淘汰。这一切，是自己造成的，不懂心计，而是在环境面前认输。美好的生活是靠自己的双手得来的，即使没有嫁给豪门的奢华生活，但是也应该对自己所应有的生活感到满足和骄傲，因为你不仅惬意而且心安理得。能这样想，就不会使自己整天浸在忧虑中无法自拔，最终导致人未老，面先衰。

可能很多人都懂得知足常乐的道理，但是能真正付诸实践的人并不多。很多人不是不聪明，但是由于不知足，贪心过重，被物质欲驱使，在名利场中奔波，抑郁沉闷，找不到人生的快乐。英国心理学家在对7个国家的大城市数以万计的人进行调查时发现，那些过分看重物质利益的"工作狂"多半会染上"富贵病毒"，很容易造成精神压抑、焦虑甚至导致病态人格。

一个女人的穿着打扮再时尚、美丽，内心中去不掉那团由不满足而引起的火，依然不会散发出迷人的气质，因为美丽的外表并不是女人的全部，也不能代表女人的全部。因此，做女人要有心计，想做一个魅力十足的女人也要有心计，懂得对于自己来说最重要的是什么，否则一味地去追求不值得的东西只会得不偿失，甚至是人财皆失。

｛从内心知足而迷人｝

一个真正用心追求生活而知足常乐的女人，不仅仅需要有外在美，更多的是需要内心世界的充实，还要有精神气质的饱满。对于一个女人来说，快乐地活着就是一种幸福，因此，每个女人都会渴望能够拥有更多的快乐。然而，并不是每个人都能拥有快乐，于是便有人开始怨天尤人，抱怨命运多舛、事业不顺、家庭不和美等，其实这些都不是决定一个人能否快乐的重要因素，是不是真的快乐只在于你自己。

那么，对于女人来讲，什么才是最重要的？是家庭，还是地位、金钱、事业？这都很重要，如果能齐全当然是最好的，但是这些都是没有标准的要素，好了还想更好，强了又想更强，永远没有一样东西能满足人们的欲望。因此，要想知足常乐，关键要看人们自己的心态。要尽量用愉快的心情对待现有的生活和工作，并努力地完善自己，多给自己鼓励，让自己更加自强、自立、自信和自爱，保持一颗宽容的心。而不是自怨自艾、自暴自弃，用自己的双肩承担起自己的人生。

只拿今天的成绩与昨天的比较，只要有一点点的进步，就可以体会到人生的快乐。快乐是你能发现并能运用自己的优势，同时这也会让你的自我意识变得更加美好，快乐的体验也就越深刻。尽管大多数的人在物质生活上并不是很富裕，但只要能保持精神向上的富足和心灵上的充实，你就能做一个幸福、迷人的女人。

一个知足的女人，不会整天质问丈夫的收入为什么没有别人多；一个知足的女人，不会在看到别人一身名牌而自己平凡简约时而嫉妒；一个知足的女人，不会因为自己不能像朋友一样参加上流社会的派对而烦恼；一个知足的女人，不会因为自己的收入不能享受到富家千金的尊贵而觉得世界不公平……总之，一个知足的女人不会给身边的人施加压力，也不会为自己增添很多没有意义的烦恼，她们懂得把更多的心计花费到怎样经营家庭，怎样活出没有名牌的品位，怎样让自己更努力实现更多的梦想。这样的女人，或许没有高贵的生活，但是充实而有意义的人生对她们来说就足够了，因此从本质上来说，这才是最有魅力的女人。

跟随对的潮流风向标

{ 对时尚有自己的主张 }

时尚，体现出的是积极的人生态度，一个时尚细节能体现出一个女人的精致。一个不懂时尚的女人或者懒得让自己时尚的女人，会使自身的活力和生活的激情黯然失色，无论年龄多少，一个缺乏青春活力的女人，在别人尤其是男人心里就会显得衰老没有生机，女人做到这种地步，离被抛弃就不远了。想要留住自己的青春活力和对男人的吸引力，就要学会时尚，注意从细节着手，时刻不忘为自己的装扮加入时尚的元素，哪怕只是一点点，也能让女人自信的同时，增加对外界的吸引力。

美可以天生，但是气质却可以后天修炼，时尚就是体现气质的一个绝佳方法。虽说，时尚中可以乱穿衣，但是太乱就会成为一种陋习，反而让人从凌乱中看到一个不伦不类的盲目追逐时尚者。要想让自己在时尚浪潮里不迷失方向，又能时刻充满魅力，就要对时尚有自己的主张。

1. 让时尚元素融入自己的风格中

追逐时尚，但不盲目跟风，一味地追逐潮流。时尚并没有绝对的定义，真正的时尚应该是穿出自己的个性。时尚时刻在变化，不是每个人都能追得上它的脚步，就算能紧紧地跟在后面，也只能抓住一段时尚的"尾巴"而已，盲目地追求只会失去自己的风格。因此，聪明的女人不会总是被时尚牵着走，而是让时尚配合自己的个性，保持自己独有的风格，将时尚元素融入自己的风格中。

2. 适合自己的时尚才是最好的

女人往往对琳琅满目的漂亮衣服难以自制，最终的结果就是衣橱里常常会有一堆自己不能穿的衣服。漂亮的衣服穿在自己身上并不一定好看，因为并不是所有的人都拥有模特般的身材。挑选时尚的衣服，就像找伴侣一样，只有适合自己的才有价值。因此，一定要冷静、理智。

3. 衣橱中的经典款式，加上时尚元素永不过时

时尚源于简单，最简单的款式往往最容易千变万化，因此追求时尚的你，衣橱中一定要有几件可以百搭的经典款式，不仅能搭出不同的风格，而且也不用担心会过时。

比如，白色衬衫，无疑是最经得起时尚考验的。任何季节都能派上用场，虽然不一定会引导潮流，但也绝对不会落伍，而且加上一个细小的时尚元素就会变成一件精品，它可以跟丝巾、披肩、零花、皮带等搭成百变女郎，但是白衬衫的质地一定要讲究。

4. 百变衣橱

如今的时尚已经不仅仅局限于简单的精彩了，完美的搭配也备受人们的关注。衣橱中的衣服原来都是成套地挂在一起，现在就将其分开整理，单件分开挂，你会发现自己能穿的衣服多了很多，而且不必每次穿这件上衣时都搭配同样一条裤子，可以尝试更多的搭配方式。整理出一个百变衣橱，让你的每一件衣服都成为时尚元素，来满足你对时尚的百变要求。

5. 时尚的点睛之笔——配饰

配饰是时尚元素中的细节，同样一件衣服，搭上不同的配饰，就会穿出不同的味道。即使是一件款式简单的衣服，加上一两件配饰，就会立刻闪现出你的亮点，起到画龙点睛的作用。但是，身上的亮点除了首饰外不可超过两处，否则就会适得其反，因此配饰的运用也要适度。

装扮对于女人来说，就是第二张脸。一个聪明的女人，懂得用时尚元素让自己的品位瞬间上升。不懂时尚或者不注重时尚的女人，同样也得不到男人的重视。

｛冷静面对时尚｝

真正的时尚80%的模仿，20%的创新，时尚不仅仅是穿着上的改变，还有心理上的追随和变通。没有人能说清楚，时尚是什么，变幻莫测是它的脾性，既有魅力又很模糊。因为魅力，时尚为众人追逐，因为模糊迷离，很多女人陷入了追逐的误区。因此，面对你想要追逐的时尚，应该有冷静而独特的追求标准。

时尚不仅仅是穿着上的改变，最主要的是心理上的改变。没有人能够真正说清

什么是时尚，变幻莫测正是它的脾气。拼命地赶时尚潮流，把自己的本色荡涤得干干净净，好一阵云里雾里，到头来属于自己的珍爱却是一无所有。

时尚是一种很有魅力的东西，时尚也是一种很模糊的东西。因为有魅力，时尚为众人所追逐。因为玄妙和模糊，不少女人陷入了追逐的误区：

1. 时尚要与年龄相适宜

时尚有极强的年龄极限，不同年龄的人追求不同的时尚已经成为很普遍的生活和文化现象。因此，女人也应该根据自己的年龄特征选择适当的时尚服装。

妙龄少女，身材优美、体态轻盈，身上洋溢着勃勃生机。这个年龄段的女性只需要以活泼明丽、宽松利落的时尚运动装或简便装作为自己的装扮，其天然美就会自然含蓄或淋漓尽致地表现出来；而青年女性应着以明朗色彩的时尚服装，这类服装跳跃性较强，视野空间比较宽广，而且一般装饰性线条越多，可给人以热情、振奋的感觉；中年女性的服装，应该以柔和性色彩的时尚服装为主，这类服装的色彩心理反射不太强烈，美的流感中等，装饰性线条不是太多，显得安定而宁静，给人以沉静、典雅之感。根据自己的年龄，遵循一定的原则为自己挑选合适的服装才能让自己更加迷人。

2. 时尚要与性格相适宜

每个人都有自己独特的个性，女人也是，而在追逐时尚方面也不能忽视个性与服装的搭配。模仿不是美，拼凑不是美，时髦也不一定就是美。只有当人的内在性格与时尚达到和谐时，女人的美才能得到最充分的体现。当时尚成为女人的一种"强加物"时，服装的美和女人自身的美都会被破坏和肢解。旗袍给人的感觉应该是文静，如果穿在活泼十足的女性身上，不但会失去旗袍的美感，还会让整个人看起来很别扭，美就更加谈不上了。因此，女人追逐时尚时要注意服装的款式、质地、色彩与性格是否吻合，切不可盲目模仿。

3. 时尚要与环境相适宜

追求时尚之人往往有一定的个性，但是在强调着装个性化的同时，也必须重视环境的因素，即在选择时尚服装时，应该与特定场合的气氛和谐一致。办公室是工作的地方，显然不适合穿过于时髦的时装，职业女性的头发也不能随便追随比较流行的颜色，否则你的"个性"会在一些场合引来异样的目光。因此，女性追求时尚着装，也要考虑与场合、氛围相统一，与环境相适宜。

4. 时尚要与职业相适宜

女性由于在社会上扮演的角色不同，职业不同，在要求与时尚同步时也要注意与自己的职业相协调。我国有人曾经专门做过调研，教师服装的颜色、款式足以对学生的态度、注意力和行为方式造成一定的影响。如果年轻的女教师总是身着前卫的时装给学生上课，会让学生分心。结合职业特点着装，有助于显示出女性的工作能力和气质。

追求时尚能体现出你对生活积极的态度，但并不是所有的时尚因素都适合你。在时尚界，你应该找到属于你的美丽，提升你做美丽女人的境界。

第二辑 掌握说话这门艺术

美国演说家戴普曾经说过:"世界上再没有什么比令人心悦诚服的交谈能力更能迅速获得成功与别人的钦佩了,这种能力,是任何人都可以培养出来的。"说话是交流的工具,然而,有的人通过说话不仅可以清晰地表达自己的想法,而且还能轻松地让他人心悦诚服;而有的人则一句话就很具有"杀伤力",让人不得不敬而远之。其实,这就是说话的艺术。当然,若想让自己成为说话的"高手",成为言谈的"专家",成为"舌绽莲花"的主人,说话"心计"是不得不学的。

听懂言语之外的陷阱和谎言

｛特定情境下听出"话中音"｝

说话是人们生活中交际的必要手段，说话的目的在于表达自己的意思。在与他人谈话的过程中，能否真正领会对方的实际意图，明白对方话语的意思是交谈的关键。现实生活中，说话的方式很多，技巧也是变化无常的，往往人们在说话的时候，其中都会隐含着"弦外之音"。所以，在很多情况下，我们都要多加揣摩对方说话的深层意思，不要仅仅能够听清别人说的话，而忽略了"话中音"。

曹雪芹的《红楼梦》中有一回这样写道：一日，贾宝玉和林黛玉在薛姨妈屋里和宝钗她们聊天。由于外面下着大雪，天气十分寒冷，薛姨妈便吩咐丫鬟烫壶酒来给宝玉暖暖身子。不料宝玉非要拿冷酒来吃。见此情景，宝钗担心宝玉吃冷酒伤了身子，便极力劝阻。于是宝玉便乖乖听话，改变主意说要吃热酒。正好当时小丫鬟雪雁进来了，手里拿着一只小手炉对坐在一旁的黛玉说："林姑娘，紫鹃姐姐怕姑娘冷，使我送来的。"黛玉便趁机笑着说："也亏你倒是听她的话。平日我和你说的话，你一句也没记住，全当作了耳旁风，怎么她说的话，你就照做呢？像圣旨一样！"宝玉听了黛玉的话，低下头来，觉得是在奚落自己。宝钗也不再和宝玉拉拉扯扯了，坐到自己的位置上，不再接话。

一般人们在谈话中，如果一句话能带着弦外之意，那么先前必定有一个特殊的语言环境。"也亏你倒是听她的话。平日我和你说的话，你一句也没记住，全当作了耳旁风，怎么她说的话，你就照做呢？像圣旨一样！"林黛玉这句话的言外之意是什么？如果抛开先前的具体语言环境，单单理解这句话，那么也只能说是林黛玉在指责小丫鬟雪雁在平日不听话，很简单直白的批评，但是如果能考虑到先前的交谈中的具体环境，就是宝玉要吃冷酒，宝钗劝阻他的一段对话。那么，在这种情境下，就不难明白，天生多愁善感的林黛玉已经不高兴了，而恰好借批评小丫鬟雪雁的话来表现出她自己当时的心情，实际上是在指责贾宝玉，而话中的"她"，也正是指薛宝钗。聪明的宝钗也明白了黛玉的言外之意，于是，很识趣地不再说话。

其实，在人们的生活中，当你与他人交流时，经常会遇到类似的情况。也许对方有什么事情要对你说，或是批评或是建议，但又不能直截了当，于是就会借"弦外之音"来侧面表达。所以，在交谈过程中，你要时刻注意特定的谈话情境，要善于听懂对方话的意思。只有善于听懂他人弦外之音的女人，才能够懂得如何应付对方，才能够成为别人眼里聪明而又善于交谈的女性。

｛美言的背后，不是转弯就是陷阱｝

善于听懂他人的弦外之音，是一个成功的女性在交际中应该具备的能力。弦外之音能够测试出一个人的机智和人心。有些弦外之音是出于人的恶意和草率，充满嫉妒和恶毒，甚至可以在无形之中严重威胁你的利益；有些弦外之音却可以使人们的声望日增。但是，当那些如飞镖似的恶毒的话向你飞来时，你就要小心应付，谨慎相待。高明的女人是懂得知己知彼，正当防卫的。如果能够听懂他人的言外之意，那么即使受到他人的打击，也可以随时化解。

对于每个人来说，职场都不是一个人的世界。每一个职场女性，在与他人交流时，都要看清对方的一言一行，明白其中的真实含义。有时看似对方在称赞鼓励你，但其内心却已否定了你的行为；有些人看似在你需要帮忙的时候立马答应，但其实是一种推辞……

梅林在一家公司做职员。一天早上，主管琳娜找她谈话。梅林刚走进主管办公室，主管就不停地夸赞她的业绩很不错，并一再表示，梅林可以为公司担当更重的责任。接着，主管又说："公司所处的行业最近在市场上很不景气，公司的年利润比去年下滑很多……如果你是部门主管的话，你会考虑裁员吗？"

当时，梅林突然愣住了，但马上她又凭自己的第一感觉说："我肯定不会。同事们在一起出生入死这么久了，裁掉谁都不好。"主管听了她的话，脸色立马变了。

谈话之后没几天，梅林的一位同事居然被提到了部门主管的位置。事后，梅林才明白了，主管当时其实已经决定要提拔她了，关于裁员的问题，其实也是在考验她会不会以大局为重，切实为公司的利益着想。然而梅林却因自己感情用事错过了升职的机会。

生活中每个人都喜欢别人对自己的称赞和肯定，对于职场女性而言，不应该被他人的赞美之词所迷惑，要清醒地知道，美言并不一定是真实的称赞之词。身在职场，就要学会听懂他人的言外之意，猜透他人的心思，并顺势而下。

其实，每一个女人都应该有这种能力，能听懂弦外之音。常人能听到的，往往只是言语的表面，而最为关键的是你能从中悟出话的深层意思。这是一个成功的女人行走于职场上必须掌握的一项能力。

三思而后语

{ 心直口快易起误会 }

俗话说"祸从口出""言多必失""谨于言,慎于行",都是在告诉人们说话一定要谨慎、有分寸。如果不想成为一个让人讨厌的女人,就应该懂得如何说话,千万不能口无遮拦,什么话都说。

现实生活中,口不择言的人一般都是狂妄自大、出言不逊的人。她们在与别人交谈时,常常心直口快,不考虑后果,虽然有些人是没有恶意的,但却在无意中伤害了别人。

杨梅是一个心直口快的人,所以平时说话总是很"呛人"。大学毕业后,杨梅经人介绍到一家电视台实习。她本想着借此机会好好锻炼一下自己的专业水平和与人交际的能力,但是,在进入电视台没多久,她就陷入了四面楚歌的尴尬境地。工作期间,办公室的同事里几乎没有人愿意带她出去跑新闻,就连杨梅遇到难题需要别人指点时,也没有人愿意解答和帮忙。

事情为什么会这样呢?为什么短短几周的时间,大家就对她如此冷漠呢?事情还得从杨梅刚来实习时说起。起初,一个年轻的女记者作为前辈指导她。一天,杨梅为了尽快和自己的老师彼此熟悉并拉近关系,便主动跟老师聊起天来。聊着聊着就聊到了穿衣服的话题上。老师说:"我一般穿类似于真维斯等品牌的服装。"杨梅听后大笑着说:"这种牌子的衣服一点品位都没有,我早就不穿了。"说完,她还拿起自己的品牌包向老师炫耀起来,老师的脸色渐渐变了,她却丝毫没有注意到。

虽然老师并没有当场指出对杨梅的不满,但从那次聊天之后,杨梅就再也没能得到跟老师和其他前辈外出采访的机会,只能每天坐在办公室里翻看报纸。

"我只是想和老师聊聊天,交流一下,又不是存心炫耀自己来气她,她怎么就那么生气呢?"正是心直口快的性格让她口不择言,不加考虑,伤了他人自尊的同时,自己也被周围的同事们打入了"冷宫"。

杨梅的故事给人们的启发是，在与他人聊天交流时，事先一定要多加考虑，否则就很可能引起误会，伤人自尊，惹怨招忧，甚至沦落到被他人孤立的境地。一个聪明的女人在与他人说话时，一定会注意到当时的场合、气氛，以及说话的对象，万不可口不择言、开口就说。俗话说，"修其辞而立其诚，谨于言而慎于行。绝不轻于言，击必有中"。只有会说话，你才能与他人保持一种和谐的关系，有助于你培养良好的生活习惯的个人品质，对你的事业和生活都将大有益处。

{说者无心，听者有意}

口不择言、惹事端的女人大都是粗心造成的。粗心的女人在说话时，往往不经过认真思考，随口就说，并且只顾自己说得痛快，而忽略了"听者"的情绪和感受，就算无意中得罪了人，她自己也不知道。人们常说"说者无心，听者有意"，就是说，说话的人并不是诚心要伤害听话的人。但是现实中，听者曲解说话人的意思是普遍存在的现象，往往都会表现出不良的反应。同样说一句话，让不同的人说就会有不同的效果，而听话的人也一样。

一个会说话的女人，在自己开口前是懂得如何去说话，更是会照顾对方感受的。会说话的女人时常会把人说得乐开了花，而不会说话的女人就很可能伤害到那些生性敏感的人的自尊心，对他人的内心造成伤害。

曾经听过这样一个笑话：有一个女人邀请自己的亲戚朋友来她家做客。眼看约好的时间就要到了，还有好多人没能赶到，她心里特别着急，于是，嘴里嘟囔着："怎么回事啊，该来的怎么都还不来呢？"旁边几个敏感的朋友听了她的话，心想：该来的还没来，那么我们来岂不是多余的？于是几人一同起身，悄悄地离开了。

女主人看此情形，变得更着急了："怎么这样啊，不该走的怎么连饭都不吃就走了呢？"留下的人一听，更是火了："刚走的不应该走，那该走的只能是我们了。"于是他们也走了。

最后只留下一个朋友，面对如此尴尬的场面，好心劝女主人说："你怎么这样，说话前也不考虑考虑，话说错了就得罪人了。"女主人忙解释说："真是太冤枉了，我并没有让他们走啊。"最后一个朋友也大为光火地说："看来我是最应该走的人啦！"于是，他也头也不回地走了。

人类的每一个器官都有其敏感度，思考和听说是相辅相成，相互影响的。耳朵是最直接的接收点，因此相对于思考而言，它更直接、更表面，也就容易占上风。但凡听话的人都会有自己的理解，所以，"听者之意"变成了说话人的心头之患，原因就在于很多人不懂得慎重地说话。

当然，要想让人人都管好自己的嘴巴，又何尝是件容易的事情。即使是在口才方面有卓越成就的人也有说话不得当，伤害他人的时候。这说明了，在为人处事时，说话必须讲究一定的方式。无论是说话的声量还是遣词用句都要谨慎小心，否则就会遭到听者的误解。

生活中，如果一个女人会说话，懂得"说者无心，听者有意"的道理，那么就不会因口无遮拦而伤害到他人，更不会引起事端。

西方国家有句谚语说，"失足尚可挽回，失言无法补救"，如果你不想因自己欠缺考虑而失言，而给自己带来麻烦，那就不要信口开河，以避免"说者无心，听者有意"。

察言观色，见什么人说什么话

{射箭要看靶子，弹琴要看听众}

说话伴随着人们的生活，是非常重要的一种表达方式。因此，一个聪明的女人不仅要能说话，还要会说话。说话有着各种各样的方式和艺术。在交谈的过程中，如果想要留给对方一个好印象，那么说话的内容就要引起对方的共鸣。因此，在谈话前就要仔细观察，认真分析对方的情况，努力做到，对不同身份、不同职业、不同性格的人说不同的话。

人们常说："见什么人说什么话。"就是说，说话要注意对象。一位伟人曾经说过："射箭要看靶子，弹琴要看听众。"说话和写文章一样，要注意你面向的读者和听众。如果想要顺利地表达自己说话的目的，获得成功的对话效果，就要考虑因人而异。

亚楠是一家珠宝店的营业员。一天，一个年轻漂亮的城市女白领独自一人来到店里，亚楠见她站在一个柜台前面看了很久，于是便礼貌地问女白领："您好，请问您需要买什么呢？"女白领不冷不热地说："随便看看。"从话语和表情中，亚楠感觉这位白领一定是一个个性独特、高傲的人。要想做成生意，必须讲究一点策略。

亚楠不停地打量着面前这位年轻漂亮的白领，从她的穿着打扮上可以断定，这位顾客是一个十分讲究的人。亚楠说："您身上的这件衣服好漂亮呀！一定是品牌的吧？"白领的视线突然从展品上移开，并猛地抬起头说："是啊，我这件上衣的款式是独有的，市场上很难买到的。"亚楠又接着说："这么时尚高贵的衣服，国内还真的没见过！"白领继续骄傲地说："那是当然了，这是我朋友从国外给我带回来的。"

亚楠面带微笑地说："您本人看起来就天生丽质，再穿上这件衣服，更显得光彩照人了。"白领有些不好意思地说："是吗？呵呵，过奖了。"亚楠趁时机接着说："但是，如果再配上一条项链，那就更加漂亮了……"

女白领客气地说:"我也这么觉得,不过我担心自己选不好,搭配起来不好看怎么办……"

亚楠又说:"如果你相信我的眼光,我帮您参谋一下怎么样?"

女白领高兴地答应了。最后,两人在一起挑选了几款进行对比后,女白领买下了其中的一款。就是在亚楠的小策略下,生意顺利做成,女白领高兴地买走了适合自己的项链,亚楠也获得了相应的报酬。

一个善于察言观色的女人,就应该懂得在适当的场合、对适当的人说适当的话,只有避免"对牛弹琴"的错误,沟通才能顺利进行。总之,与不同的对象谈话,就要采用不同的谈话方式,"见什么人说什么话,到什么山头唱什么歌"。

{ 求神要看佛,说话要看人 }

大家都知道,说话交流是一个双向的过程。不论是在公共场合发表演讲,还是在平时的谈心聊天,都不能忽略说话的对象,也就是听话的人。因此,我们在与他人交流时,一定要看清对象,从对方的实际特点出发,采用相对应的说话方式和说话内容。只有这样,谈话才能和谐融洽。

有一位优秀的女服务员名叫李淑贞,她的职业虽然很普通,但是她有着一个女性所应具备的素质,就是说话因人而异。

如果看到知识分子进到饭馆里,李淑贞就会上前热情接待说:"同志,欢迎光临,里面坐。想吃点什么?我们小店的拿手好菜有拌鸡丝还有熘里脊,都是清淡利口的好菜,您可以尝尝。"

当她看到工人们在收工后来到小店时,她会这样说:"师傅,干活挺辛苦的,今天过来想吃过油肉还是生汆丸子呢?"

如果哪天有乡下来的老大娘到店里吃饭,李淑贞就会上前欢迎:"大娘,进城来了吧,看您身子骨还挺硬朗的,以后没事了就多进城里来转转,改善一下生活。今天您想吃点什么呢?我让他们一定给你做好,让您下次还来我这里吃饭。"

对知识分子说话,李淑贞用语委婉、文雅;对工人说话就比较直接、爽快;而对老大娘就比较通俗、朴实。这就正好符合各个对象的生活习惯和文化素质。

在与人交谈中，注意说话的对象是十分重要的。如果忽视了这一点，就会引起对方的反感，甚至产生不必要的矛盾。而一个会说话的人往往能左右逢源、如鱼得水。

善于说话的女人到处都受人欢迎，因为她们懂得见什么人说什么话，并且能说得对方心情愉悦，因此她们也更容易和素不相识的人成为朋友。

当今社会，会说话成为人们在社会立足的一种不可缺少的能力。它能够使你心想事成，让你的人生旅途处处如意，更能使你在关键时刻化险为夷；它让你在人际交往中事事顺心，让你在商场中左右逢源；它让你获得他人的肯定和信赖，更能使你得到意想不到的机遇。

一个会说话的女人，在她说话做事之前，就能够把握好分寸，会细心观察对方的穿着外表，判定对方的身份地位，猜测对方的兴趣爱好和心理，从而以相应的方式与人交谈。只有这样，说起话来才更容易让对方认可和开心，话语才显得更美，才更容易达到自己的目的。

用委婉含蓄之语去避免不愉快

{ 不要给他人留下话柄 }

现实中,人们最怕的就是背后被人戳脊梁骨。要想避免这种情形的出现,就要在说话时谨慎,不要给他人留下话柄。因此,就要在说话时模糊表态。

不可否认的是,如果你把话说得清楚明白,会给人一个良好的印象,同时,你明确坚定的表态也会使你本人充满自信。但是,如果你在说话时,持有肯定、保证的语气,那么你就未必是一个明智的人。

也许你忽略了一点,话一旦被你说出口就不可能收回来。如果不想"授人以话柄",就考虑使用"模糊表态"的说话方式。"模糊表态",就是指在说话时给自己缓冲的空间,对别人的请求或者是疑问以间接、含蓄而又灵活的语气来回应对方。最主要的就是不能直抒胸臆,避免最后事与愿违的尴尬和不必要的麻烦和责任。

某知名品牌化妆品公司新产品即将上市时,销售部经理总是事先召开公司会议,会议的主要话题就是对市场的预测。同时,经理还邀请了其他部门共同讨论,征求员工的个人意见。开会的时候,公司新来的两个员工莉莉和楠楠分别发表了自己的看法,并得到了经理们的一致好评。两人在阐述自己的观点时还保证说:"如果按照我们的想法做一定会成功。"经理当即表示要她们尽快制定一份详细的策划书,公司可以考虑采用。莉莉和楠楠听了欣喜若狂。作为新人,她们当然希望得到经理的重视和赏识了,这是一次好机会。随着新产品的上市,公司发现销售情况并不如想象的那样好,经理十分恼火。于是公司只好重新调整销售方案。当公司在追究责任的时候,莉莉和楠楠无疑是主要承担者。结果,两人不但被扣了奖金,还遭到了众人的指责。

有时候,在你不得不表态时,就算你有能力实现自己的承诺,也不要直露表明,最明智的选择还是模糊表态。例如,你可以说:"这件事比较有挑战性,我尽力吧",或者说"我会尽最大努力来完成"……这样就给自己留了后路。不要一味地在别人面前耍小聪明,否则只能是搬起石头砸了自己的脚。

无论是职场还是在生活交际中,一个明智的女人大都懂得含糊其词的说话技巧。不要承诺得太绝对肯定,只有模糊表态,你才能进退自如,避免因没有实现承诺而影响人际关系的发生。否则就会让对方不愉快并长时间耿耿于怀,甚至让自己陷入被动的境地。

{ 话说在明处,意藏在暗处 }

当代著名文学家孙犁有一篇文章《荷花淀》中有这样一段对话:
"听说他们还在这里没走。我不拖尾巴,可是忘了一件衣裳。"
"我有句要紧的话,得和他说说。"
"我本来不想去,可是俺婆婆非叫我再去看看他——有什么看头啊!"

说话的是几个年轻女人,她们的丈夫都去参军了,由于想念自己的丈夫,她们决定一同去看望一下。但是因为害羞,不想让别人说出自己的真实想法,所以都各自找了一个借口来掩饰自己的本意,其实越是掩饰越能表现出她们的真实意图。

俗话说"曲径通幽处",就是告诉人们说话不能直截了当,而应该学会由侧面切入,暗中表明自己的话里的实际意义。话说在明处,而意义却要藏在暗处。

王宛如是某事业单位的职员。一天她到领导家想请领导帮忙办事,领导的爱人热情接待了她,并很有礼貌地留她吃饭。王宛如在吃饭的时候向领导说明了自己的来意,领导也答应她会想办法解决。饭后,王宛如还没有要走的意思,居然和领导爱人聊起天来。天色渐晚,忙碌了一天的领导和爱人都想早点休息了,但是领导的爱人见王宛如说得正起劲,也就没好意思让她离开。

领导的爱人便到厨房收拾了一下家务,然后回到房间对丈夫说:"人家这么晚还这么有诚意,你快点给人家想个办法把事情解决了,不要让人家一直等着。"然后又对王宛如说:"您再喝杯茶吧。"王宛如听了领导爱人的话,很识趣地马上告辞了。

领导的爱人将自己的意思婉转地表达了出来,既尊重了客人,考虑到了对方的面子,又不用直接说出自己的想法。表面看似在为客人说话,为客人帮忙,但实际却在传达另一个含义。这种因情因势的表达,语言得体,又达到了自己的目的。

在人们的正常理解下，说话本应该准确、清楚，但在语言的实际运用中，许多话是不必说得过于清楚的。具有一定的含蓄性，反而能让语言表达得更有魅力。

比如，你到朋友家里做客，朋友热情地拿出一大堆零食招待你。如果你直言道："我从来都不爱吃零食，都是些垃圾食品！"这样不仅扫了朋友的兴致和好意，还会伤害其自尊心。但如果表达含蓄，效果就完全不同了："谢谢，这么多好吃的啊！真可惜，我刚刚吃完饭，实在吃不下了。"朋友听了你的话，心里无疑会很愉快，而你也达到了自己所要表达的含义。

总之，一个懂得如何讨人喜欢的女人，说话时一定不会直来直去，而更多的是委婉含蓄地表达。既能让对方接受，又能深得人心。

从批评抱怨的对面去说话

{ 一句赞美胜过十句批评 }

说话有心计,才能让你的语言更加得体;说话有心计,才能让你的办事更加有效率。一个聪明的女人,当她遇到不开心的事情时,会从批评的对面去考虑。所以,赞美便成了她们的"专利"。

赞美是嘴角的春风,赞美是言语的钻石。一句普普通通的赞美,或许就可以改变一个人的一生。

小时候的卡耐基是大家公认的一个坏男孩。九岁的时候,他的父亲把继母娶进了家门。当时,他们还住在贫穷的乡下,而他的继母则来自一个比较富裕的家庭。

这天,父亲一边把卡耐基介绍给继母认识,一边微笑地说:"亲爱的,我真诚地希望你能注意并关注到这个全郡最坏的男孩。他已经让我无可奈何,说不定明天早晨以前,他就会把石头投向你,或者做出其他让你意想不到的事情。"

继母来到卡耐基的面前,轻轻地托起他的头认真地、仔细地看了一番。接着,她和蔼地对丈夫说道:"你错了,他并不是全郡最坏的男孩,而是全郡最聪明也最具有创造力的男孩。只不过,现在他还没有找到发泄自己'热情'的地方罢了。"

继母的一番话,让卡耐基很是感动,因为在这之前,他从来都没有听到过有任何人称赞自己聪明。无论是在父亲心中,还是在邻居眼里,他都是一个十足的坏小子。可是,今天他看到了自己的价值,认清了自己的面目。他决定一定要好好改造自己。

十四岁那年,继母为他买了一部二手的打字机,并鼓励他说:"相信你一定会成为一名作家的。"接受了继母的礼物和期望后,卡耐基便开始向当地的一家报纸投稿。他了解继母的热忱,知道她的良苦用心。所以,他不愿意也不想辜负她。

凭借自己的坚韧不拔，凭借继母的不断鼓励，卡耐基终于踏上了成功之道。他创造的28项黄金法则，让千千万万的普通人走上成功和致富的道路。从而，一举成为美国的富豪和著名作家，一举成为20世纪最有影响的人物之一。

抱怨是这个世界上最无力的言语，相反，赞美却是这个世界上最有价值的语言。卡耐基的继母其实就是一个说话颇有"心计"的女人。她知道怎样说话才有说服力，懂得如何用言语挖掘一个人的潜力。因此，她并没有因为继母的身份而失去做母亲的威信。

学着从批评的对面去说话吧，这样你才会成为真正的"舌绽莲花"的主人，才能成为一个值得尊敬值得信赖的人！

{ 让"抱怨"逐渐远离 }

当你遇到他人的冷落时，当你听到刺耳的话语时，当你看到厌烦的事情时，你是不是会充满满腔的怒气？然后，再用抱怨来发泄自己的情绪？如果你的回答是肯定的，那么，你的说话一定是没有"心计"的。

在不少人看来，抱怨可以让自己的情绪发泄得淋漓尽致，能够让一切的仇恨立马消失。其实，这只是一种"错觉"。很多时候，一味地抱怨不仅会伤害自己的身体，而且还会让更多的人厌烦你。相反，如果敢于让"抱怨"远离，善于让"赞美"靠近，你才能把话说得更加得体，才能收获意想不到的惊喜。

王妍是某公司的一名职员，由于工作需要，她需要经常出入一家事务所。可是，由于频频打扰，该所服务员张阳虽然没有对她横眉竖目过，但也从未给她过什么好脸色。

一次偶然的机会，王妍遇到了过去的老邻居。言谈之间，她猛然发现这位邻居竟然是服务员张阳的顶头上司。为了把握眼前机会，王妍赶紧在邻居面前狠狠地批评了张阳一通，同时，并极力要求邻居能够把这些话传到张阳的耳中。

过了几天，王妍到事务所办事时，张阳的态度果然大大改善了。一见到王妍到来，张阳就史无前例地奉茶问好，并且还赶忙从抽屉里拿出一本办事指南的书递了过来，主动表明借给王妍阅读。

事后，王妍把张阳的此次表现详细告诉了老邻居，并感谢邻居将她埋怨张阳服务态度不好的话成功地转达过去。

"不，我并没有把你说的话告诉她。"邻居微笑着说，"其实，我转告的话恰好与你所说的相反。我告诉她，你非常欣赏她的服务态度，因为很少有人可以和颜悦色地忍受你三番五次的打扰，而不发脾气的。"

听了邻居的一席话，王妍顿时间惊愕了。她不知道，在这个世界上，赞美竟然会有如此大的魔力。

让"抱怨"远离，你将会发现说话不再那么无力；让"抱怨"远离，你才能把事情处理得更加顺利。

聪明的女人在说话时决不会忘记"心计"的巧妙运用。在她们看来，赞美的力量要远远大于抱怨、大于批评。当然，她们更深知赞美不是虚伪的奉承，赞美不是夸大其词地吹捧，赞美不是一味地宽容；而是真诚的鼓励，真诚的鞭策。

用赞美语代替抱怨话吧，唯有如此，你的言谈才会更加得体！

说话有分寸，切勿把话说绝

{ 说话为自己留余地 }

生活中，人们常常会说："给别人留余地就是给自己留余地"，事实上确实是这样。既然在这个社会生存，就避免不了和身边的人打交道。无论是工作还是生活，都难免会与他人发生某些冲突。不管谁对谁错，得罪他人都不是一件好事情。因此，话不能说得太满，要懂得为自己留余地。

在现实生活中，当你因为某件事情质问他人时，说话要委婉讲究分寸，不能把话说死，把一个人全面否定；当别人征求你意见的时候，在阐述自己想法时，一定要注意"话不说死"，千万别忘了加上一句"这仅仅是我个人的想法，还要看您自己最终的决定。"这样既表达了自己的看法，关键时刻还不用负责任，达到明哲保身、留有后路的目的。

女人在职场也是一样。领导交办的事当然应该接受，但不要说"保证做好"，要用"应该可以，我尽力而为"之类的词语代替。万一自己做不到或者是没做好，都还有后路可退，这样说也表现了你的诚意和做事的谨慎态度，对方也会因此更信赖你。即便事情没做好，也不会过分责怪你！

有时候，话不"说死"可以作为与人和谐相处的好方法，因为这样既能够给对方足够的面子，又不会让自己难堪。既给对方留有余地，也给自己回转的空间。

生活中有很多聪明的女人，她们都懂得说话的分寸，懂得为自己留后路。例如，当今社会的一些艺人明星，她们在回答记者提出的一些问题时，都常常使用类似于"可能、大概、考虑、或许、希望……"这些不肯定的词语，之所以这样，就是在为自己留余地，留一些空间给未来一些不确定的或者是突发的意外情况。如果一下子把话说得绝对肯定，把话"说死"，那么就不能在突发状况出现时直面大众，事与愿违只能让人难堪。

少说绝话多留余地

对于每个人来说，在做人做事上，说话都不要太满。就像一个倒满了水的杯子，没有了再次容纳的可能，即使倒入一滴水，也能马上溢出来；也可以说像一只充满气的气球，再吹就会爆掉。

当然，生活中也不乏把话说得绝对而且能做到的人。但是凡事都不会绝对，总会有意外的时候。正是因为有一些人们无法预料的意外存在，才使得事情发生了变化。而不要把话说得太满就是在给自己留余地，也是为了容纳突如其来的"意外"。人说话留有空间，便不会因为"意外"出现而产生尴尬的场面，从而可以从容转身。

曾经有一个年轻气盛的女兵刘丽，因为自己在各方面的专业技能都比较强，所以就被上级领导推荐进入了特种兵队。特种兵队是由各个地方部队领导推荐的精英共同组成的，因此，队员大都是技能和素质超群的人，特种兵队的队长的能力和素质更是非同一般。

既然被选拔到了特种兵队，就要比普通兵的训练强度以及各方面素质考验都要高一个层次。一天，队长要求她们把自己面前的枪支的各个零散的组件分拆开，然后要求她们在一分钟内重新安装好，并要击中50米外的三个靶子。

很多队员都按要求去做了，但都出现了超时的情况，大家都无奈地摇头，认为自己的能力还是不行。刘丽当场就发牢骚说："怎么可能？明摆着整我们，看我们的笑话！"队长说："谁说不可能？你做不到说明你水平还没有到这个程度！"、"我不相信有人可以做到！"刘丽还是理直气壮地说。队长见她不服说："如果有人做到了，怎么办？"刘丽肯定地说："如果有人能做到，我就退出！"很多人都劝她冷静，她却不领情。

队长听了她的话也一再劝她，但是她还坚持自己的话。最后队长让旁边的队员计时，并蒙起自己的双眼，在一分钟内安装好了枪，击中了三个靶子，并且都是十环。

刘丽看了哑口无言，最后只能自动退出了特种兵队。

既然自己的能力达不到，就不要对人说绝对的话，多给人留余地，这样做不仅是在为对方考虑，更是为自己考虑、对自己有利。如果把话说得太满，把事做得过绝，将来一旦发生了不利于自己的变化，就很难有回旋的余地了。

适时运用幽默的话语达成谈话目的

{ 用幽默增添魅力 }

幽默可以显示一个人的风度和魅力,能为周围的人创造一种轻松愉快的和谐氛围。而幽默也是一个人应该具备的高深的说话艺术。在与他人的交流中,如果你能学会适当地幽默,那么不仅可以化解尴尬,更能提高个人的魅力,使你的语言更加美丽。

在欧洲,有一位著名的年轻漂亮女演员。一次她在一家餐厅里用餐,当时,有一位憨态可掬的老太太来到她的餐桌前,举起手就抚摸她的脸庞。老太太用手指一一滑过她的五官,并且藐视地说:"我怎么就看不出它有多好看呢?"

"省省你的祝福吧,我认为我自己也没有多好看。"

女演员只是回答了一句话,便幽默地打破了两人之间的尴尬场面。

作为一个女人,如果想在与他人交往的时候,给对方留下一个好的印象,就要善于运用幽默。无论是你到对方家里做客还是在公共场合,幽默和谐的气氛是必不可少的。当你面对公众时,如果你能表现出自己幽默的一面,那么大家就会和你的距离拉近,认为你是一个容易亲近的人。一个面带微笑,说话幽默的女人要比一个满面愁苦,神情呆滞的女人更容易被人接受和喜欢。

友善的幽默可以使你表达内心真挚的友好,它能沟通人与人之间的心灵,扫除人与人之间的障碍。尤其是当你想要表达自己内心的不满时,如果能幽默地表达,那么就能使他人听起来顺耳,又容易接受你的不满和意见。让他人肯定你的态度,并会尊重你。因此,幽默是最有说服力的一种智慧。

当一个人和周围人的关系紧张时,如果能在一触即发的关键时刻运用幽默打破不和谐的气氛,那么便可以很轻松地使彼此放开,并从容地摆脱不愉快的窘境或消除矛盾。

现实中，人人都喜欢和具有幽默感的女人交往。因为她们让人们感觉更容易接近，给人一种亲切感。一个懂得幽默的女人，自然会用她睿智的内心世界来吸引周围的人，使人们淡忘了她的外在条件。她能够散发出一种异常迷人的魅力磁场，让周围的人不得不向她靠拢。

｛幽默是通往成功社交的捷径｝

在许多说话技巧中，幽默是一种好的方法。它可以使一个人博得好感、赢得友谊，在社交中获得成功。尤其是在面对一些毫无争辩意义的问题时，幽默能够起到更好的效果。

对于每一个女人来说，不管你从事的何种职业，也不管你处于何种地位，都避免不了与人交往。幽默不但能够帮助你与他人的沟通顺利有效地进行，而且还可以促进一些特殊的人际关系问题的解决，帮你摆脱困境。要想赢得他人的信任和喜爱，建立和谐的人际关系，就要能够适当地使用幽默。

在与人交往时，当你看穿了别人的想法但又不便直说时，不妨神色自若地运用幽默来表达自己的意思，得到预想的结果。一个出色的女人是懂得借助幽默来达到自己的目的。

李艳是一家广告公司的部门主任。一次，她所在的公司要与一家实力雄厚的传媒公司进行一次谈判，于是公司就派她去了。整整一上午的时间眼看就要过去，而谈判却没有丝毫进展，对方一直故意在拖延时间，双方相互僵持着。

到了午餐的时间，李艳认为应该采用一定的技巧来说谈判的事情，只有轻松的话语才能缓解双方的紧张情绪。于是她站起来，就双方的本次合作进行了一番介绍："我们和贵公司，一个在风情万种的海南，一个在犹如出水芙蓉的湖南。世界上有个'国际南南合作'经济发展的共同体，我们也要'南南合作'，做一个联谊发展的姊妹连体。今天是七月初七，连喜鹊都为我们的合作搭建了友谊之桥，愿我们的合作能结出丰硕的果实。"

传媒公司的老板听了李艳的话，连连拍手叫好说："说得太好了，就凭你这个'南南合作''姊妹连体'，咱们的事情也要尽快促成，哈哈……"

李艳在讲话时巧妙地运用了"南南合作""姊妹连体"等比喻词语，生动地比喻两家公司配合默契的形象，并对未来做出了大胆的展望，说话活泼而又寓意深刻。一句美好的结束语更是充满了诗意和幽默，从而赢得了在场的每一个人的热烈掌声。

　　作为一个能说会道的现代女性，无论一个人的言谈多么令你反感，面对的事情如何难以解决，你都应该努力保持自己的良好形象。无论在何种尴尬的状况下，能够巧妙地利用一些技巧，为自己轻松解围，才是一个会说话的女人聪明的选择。懂得愉人悦己、适时幽默的女人最迷人，幽默是让女人在社交中更受欢迎的秘密武器

　　其实生活中很多时候，女人的幽默感不仅可以让他人走出困境，也是在给自己台阶下。女人所赢得的称赞，往往不是别人在夸赞你的说话能力，而是在赞叹你的个人魅力。

晓之以理，动之以情

{ 忠言也要能说得顺耳 }

人们常说，尺有所短，寸有所长。一个人都会有犯错的时候，一时的错误并不代表这个人一无是处。因此，当你发现周围的人出现过失时，批评或者指出时都要注意方式。批评过于表面或者太迟，就难以让对方引起重视。但是，批评得过于直接或过于沉重，就难免会遭受对方的厌恶。所以，只有以委婉含蓄的方法，既能让忠言变得不再逆耳，又能把话说到对方心里。

一家建筑工程公司承包了一家酒店的装修工程，双方约定了交工日期，但由于建材厂的材料供应出现了问题，导致建筑公司不能按时完工。眼看约定的日期即将到来，建筑公司老板着急了，于是派公司公关部的一名职员周佳丽前去建材厂进行协调。

周佳丽走进那家建材厂时，恰好碰到了建材厂的负责人门经理。刘佳丽首先疑惑地问："在这个地方，您的尊姓是否只有您一家呢？"

门经理还是第一次遇到有人这样关注他姓氏的人，于是好奇而又感兴趣地说："什么？是真的吗？你是怎么知道的？"周佳丽笑着说："当我来之前看到您的名片时，我就挺好奇的，于是今天早上翻开电话簿，上面只有您一人的记录。可见您的姓氏在咱们这里还是很稀有的啊！"

门经理被周佳丽的好奇心和关注而打动了，为了确认一下，他随手拿来电话簿核实，结果居然真的如周佳丽所说的一样，于是他很高兴地说："天呐，我还是第一次关注自己的姓氏，如果不是你告诉我，我还真不知道居然还有这么有趣的事呢！我的这个姓氏在世界上本来就很少。其实，我的老祖宗最早并不是这里的人，他们从前住在××，那里有与我们同姓的人家，但是也不是太多，后来从我父亲那一代才搬到了这里,我也是在这里出生长大的,到现在也才三十多年。"

门经理说完后,周佳丽又紧接着开始对经理的办公室布置进行赞美,又夸奖经理年轻有为,把公司的业务做得如何发达,工厂的规模如何宏大,产品如何精良,并声称是她见过的最正规、最有信誉的建材厂。门经理听了她的话乐开了怀,并请她参观了生产部门,最后还邀请她一同享用了午餐。

周佳丽在与门经理用餐时,并没有说明自己的来意,但门经理早已明白了她的意图。饭后,门经理主动开口说:"你的心意我已经明白了,我跟你谈话非常愉快。对你们公司需要的材料,我们会尽快解决,你就放心好了。"几天后,那些建筑材料果然全部送到了建筑公司。

人们常说,"良药苦口利于病,忠言逆耳利于行"自然有它的道理。但在人们日常交流中,如果能够懂得,人与人之间的感情更多地需要人们的维护,在规劝批评他人时,如果能把苦口的良药裹上糖衣,把好话说到对方的心里,那么对方才更容易接受。这正是一个聪明的女人应该具备的能力。

{ 以情动人,打开对方的心扉 }

聪明的女人在与他人交流时,总是会思前想后,总是会想方设法把话说到对方心里。她们聪明在何处呢?她们会打开对方的心扉并且会把握对方的心理变化,在适当的时候说有分寸的话,并且会达到自己的目的。

事实上,在与他人交谈时,最关键的是要刺激对方的自我膨胀感,以宽松的谈话氛围控制对方打开心扉。

古话说:感人心者,莫先乎情。只有懂得运用情感技巧,说话时动之以情,以情感人,才能打动人心。

张美丽是一家食品公司的业务员,她的工作就是每天拉着一车食品在大街小巷进行直接的店面推销。

一天上午,张美丽来到一家小商店门前,她还没有说话,店主就对她说:"你别进来啊,你们的货我不需要,我到现在还没开张呢,别烦我。"张美丽见店主如此生气,于是就对店主说:"我走得累了,可不可以在你店旁边稍微休息一下再走?"见店主没有理会,张美丽接着自言自语说:"其实我也不想干这个工作,每天都受别人的气，被人拒绝倒罢了，日晒雨淋的，回去还拿不到钱。下岗几个月了，都没有找到合适的工作，生活太艰难了。"她向店主诉苦。

大约过了10分钟，张美丽收起东西准备离开，店主问："你总共有多少钱的货？"张美丽清点了一下说有500元左右，之后那个店主连价格、品种都没有多问，便掏出500元把货全部都买下来了。店主说："我也是下岗工人，这个店开了没多长时间，生意也一般，但是我们同是天涯沦落人，就当帮你一把吧！"原来，是张美丽的话勾起了店主的回忆，在情感上引起了双方的共鸣，有了情感的沟通，交易自然就变得更顺利、简单了。

谈话的起点就是要本着让对方愉快、打开对方心扉的宗旨，但这并不意味着单纯地改变对方对自己的不良情绪，而是能够引起对方的兴趣。也就是说，让对方感到愉快是把话说到对方心里的前提和基础。对方打开了自己的心扉，也就是开始对你感到信任，也就能听进去你所讲的话。即使是在初次与人见面的情况下，也同样受用。

逢人只说三分话，未可全抛一片心

{ 不要随便诉说你的隐私 }

从心理学来讲，女性一般比男性更容易打开自己的心扉，更容易在短时间内接纳身边的人，也更容易向他人吐露自己的心声。然而，女性的这种心理特点并不是一个好现象。因为在日益竞争激烈的今天，无论是在生活中还是职场中，一旦涉及某一方的利益，人的私欲就会占了上风，也许就会拿你曾经的一些隐私来作为击败你的有力武器。现实中，很多女性总是轻易相信身边的人，在向他人倾诉一些事情的时候，她们总是毫不设防，甚至还会请求对方替她保守秘密。可是，现实毕竟是现实，哪怕是你平时关系不错的朋友，也会有与你发生利益冲突的时候，更别说是同事了。一旦威胁到他人的利益，对方就很有可能为了争取有利的位置而出卖你的隐私。

所以，在你向他人倾诉心声的时候，需要先考虑一下是否能说，说了会不会产生严重的后果。每个人都有说话的权利，以后的事谁也预料不到。

陈欣在一家外贸公司上班，公司里有一个男青年一直对她很关照，其实内心也是默默喜欢她的。一次，公司集体聚会，男青年趁机偷偷地向陈欣表达了自己的爱慕之情。可是，当时陈欣已经有自己的家庭和丈夫，她劝说男青年放弃对她的感情。男青年执意说不会放弃，他什么也不图，只要能对陈欣好，他自己就很开心了。过了几天，陈欣在与一个关系很好的女同事聊天时，无意中想到了这件事情，便不加考虑地告诉了女同事。

但是没想到，后来因为工作上的事，陈欣和女同事之间闹矛盾了，并且闹得很僵。女同事为了报复陈欣，便在背后四处散播谣言，说陈欣和男青年的关系不正常……最后，男青年因为忍受不了他人的眼光和闲言碎语而辞职离开了公司。陈欣也因为此事而内疚了好长时间，并且和丈夫的关系也受到了威胁。

现实的竞争是残酷的，把自己的隐私告诉他人，就相当于让人握住了你的把柄，说不定哪个时候，你的隐私就会成为他人伤害你的武器。在所有的聊天内容中，情感隐私是最不能让他人知道的。因为伤害到的不只是你一个人，甚至因为谣言而使第三方受到无辜的伤害。如果你毫无顾忌地把自己的隐私随意说给他人，那么，一旦受到攻击，你将会受到无法磨灭的心灵伤痛。

生活是一个大舞台，每天都会有意想不到的事发生，竞争的激烈让人们不得不削尖自己的脑袋以争取最大的利益。人们常说，害人之心不可有，防人之心不可无。与他人保持和谐的关系是很有必要的，但也要把握分寸，该说的可以尽情说，不该说的一个字都不能提。特别是在职场上，不要轻易地把每一个同事都当作无话不谈的朋友，更不能随便吐露真情。职场上只有永远的利益，没有永远的朋友。一个聪明的女人是不会把自己的隐私对他人随便说的，因为她们都是有远见的人，要想避免给自己和无辜的人造成不可弥补的伤害，就不要总是向他人掏心窝。

{ 对新结识的朋友说话要有所保留 }

生活中，每个人在不同的人生阶段都会结识很多新朋友。在你与他人初交时，就把自己的心毫无保留地掏给对方，如果一旦遇到小人之辈，那么就很容易被对方利用，甚至使自己上当受骗。

在社交场合，人与人在见面时，不管认识与否，都会点头致意，说话热情开放，互相问好，这是应该懂得的礼节。但是，在刚结识的朋友面前，说话要注意分寸，最好有所保留。如果你一下子就把心掏出来给对方，你用心和真诚与对方交往，但对方未必领情，到最后受伤害的还是你自己。

王青云是一家化妆品公司的业务经理。在一次同行业的聚会上，她与另一家公司的业务代表相遇，两人谈话很愉快，都认为对方跟自己很投缘，话也越说越投机，大有相见恨晚的感觉。王青云当场就说要把对方当成自己的贴心朋友。在两人聊得耳热酒酣之后，两人不知不觉聊到了公司业务上面，王青云居然还把自己公司将要开展的业务计划告诉了对方。

一个月过后，当王青云的公司把新的业务计划投入市场，并实际运作时，却发现别的公司已经在实施同样的市场销售计划。由于公司的此项计划只有老总和王青云知道，所以很自然的，老总认定是王青云对外透露了公司的机密。王青云不仅被公司老总批评一番,自己的职务也降了好几级。王青云没想到,自己一直把对方当成朋友,对方却利用了她。

所谓"逢人只说三分话",其中"话"指的是重要话以外的内容。这里的"三分话",可以是天上地下,可以是柴米油盐,也可以是山海奇观,甚至可以在见面后,仅仅谈谈天气。总而言之,最好是些无关紧要的客套话。

不分是非,不加考虑就把对方当作知心朋友,动辄吐露真心,是女性交友的大忌讳。

不分青红皂白地把一般朋友当作知心朋友,动辄一吐心曲,是交友的大忌。在与他人谈话聊天时,一定要注意把好自己的口舌关。该说的才说,不该说的要死死藏在心里。现代社会,人际关系变化无常,今天是朋友,或许明天就会成为对手,说话保留一些才会感到安全和踏实。

对于每一个生性善良的女性来说,不要总是向他人掏心窝是你应该遵循的处世潜规则。无论是在何种情况下,"逢人只说三分话,未可全抛一片心"!

第三辑 聪明女人的处事大学问

聪明的女人不会总向他人谈论自己的得意事；聪明的女人不会常常扮演"强大"的主角；聪明的女人不会时常一脸的仇怨；聪明的女人知道怎么察言观色；聪明的女人懂得用微笑和赞美来处事……所以，聪明的女人更惹人爱，聪明的女人更讨人喜欢，聪明的女人更容易将"如意"据为己有。然而，你是一个聪明的女人吗？

懂得凡事未雨绸缪留余地

{ 留有余地，就是给自己留后路 }

人生在世，没有一帆风顺，也许你今天还光鲜亮丽，明天就可能会有厄运降临。所以一个有"心计"的女人懂得凡事未雨绸缪，懂得为自己留有余地，留一条后路。不论是在平时的工作中还是生活中，都要为自己留一条后路，如果把路走死就等于进了死胡同，想退也无处退。所以女人一定要做一个有心计的女人，为自己留一条后路，这样才能进退自如。

在与人相处中，一定不要把话说死，也不要把话说绝，谁都不知道明天会发生什么事情，也许今天你刚好得罪的人，明天就成了你的上司。所以说，在与人相处中，一定要懂得给自己留一条后路，不要轻易得罪人。

在人际交往中，有些人能够进退自如，而也有些人却总是进退维谷，究其原因就是那些进退自如的人懂得在待人处世中凡事留有余地。人们都说做人难，做女人更难，在这个鱼龙混杂的大社会，作为弱势群体的女人，怎样才能够在这个圈子游刃有余呢？其实只要你心存宽厚，做人做事都不要做得太绝，你就会发现脚下的路其实很平坦，人生路上会有很多贵人。人生没有固定的方向，但是却可以凭借你自己的努力登上成功的顶峰。做一个有"心计"的女人，才能够懂得在与人共事的时候给对方留有余地，同时也给自己留一条后路。

中国文学经典著作《红楼梦》中的女人可谓是个个有"心计"，其中最为厉害的人物就是凤姐的丫鬟平儿了。就连薛宝钗都说平儿所处的位置夹在中间是最为难的，但她却还是能够面面周全。凤姐从娘家带来的丫鬟只有她一个"生存"了下来。凤姐的嫉妒心重又是醋坛子，但是她却成为贾琏的妾，比之尤二姐和鲍二媳妇，她则可以平安无事地享受贾琏的宠爱，并且她还是凤姐的心腹和左右手。究其原因，就是因为平儿的"心计"，正是因为她有心计，所以，才能够周旋在这些错综复杂的大家族而不受连累。

在待人处世方面，她始终注意为自己留后路，既没有犯凤姐所说的"心里眼里只有我，一概没有别人"的错误，更不像凤姐那样把事情做绝。她对下人常常是进行安抚，进行保护，既缓和了众人和凤姐的矛盾，又在丫鬟媳妇们面前扮演了好人的角色。因此众人私下里都说平儿要是正房我们就不用受那么多气了。正是因为平儿善用"心计"又懂得为自己留有后路。凤姐死后，大观园败落，平儿却多次获得众人的帮助渡过了难关。正是因为她前期懂得为自己留有后路，才得以在自己落难时受人协助。

凡事有度，做事一定要留有余地。人生在世谁也不可能永远都处于高峰，如果你不懂得为自己留有后路，那么当你落魄的时候，自己可能就会求助无门，没有退路。女人懂得给自己留有后路，不论什么时候，都能够顺风顺水。

{ 女人做事要留有余地 }

每个人在世上都难免被卷入社会这个大染缸，处于这种环境，作为一个柔弱的女人，如果你不懂一点"心计"，那么就注定要随波逐流。做一个有"心计"的女人，凡事留有余地，会让你在社会中更加进退自如。要知道，时势随时都在变化着，谁都有考虑不周全的时候，谁都有辉煌，也会有失落的时候，凡事留有余地，话不可说得太死，事也不可做得太绝，这样你就能够永远稳操胜券、进退自如。

曾国藩曾经说过"留一分余地，可回转自如。"这也是他的处事学问，凡事给对方留有余地，既不让自己违反原则，也不驳对方的面子。在曾国藩的为官生涯中，他从来都不肯得罪任何一个人，其中最为著名的一次就是为一把折扇的故事。

有一年，曾国藩的干爹因为与人发生纠纷打官司，由于对方在当地有钱有势，因此当地的官府都很袒护他。老头气不过，始终咽不下这口窝囊气。一天，一个亲友提醒他说："你不是有一个干儿子在南京做两江总督吗？你干儿子那么大的官，天下谁不知道，你只要去他所在的衡州让他帮你写个二指宽的条子，你的官司还能输吗？"

老头听了，皱着的眉头终于舒展开了。他随即就凑足盘缠背上包袱启程去衡州了。

曾国藩夫妻一面热情地款待干爹一面问长问短。老头一心想要说明来意，曾国藩打断了老头的话说："暂莫谈这个，您老人家难得到这来，先游览几天再说吧。"他把自己同乡叫来让其陪自己的干爹好好在衡州游玩一番。

曾国藩以前早说过家里有什么事不要来求他出面。但是自己的干爹却亲自来了。如果帮了怕落人闲话，不帮吧又对不起干爹。第二天恰逢曾国藩接到奉谕升官，他一时有了两全之策。当南京的文武官员来贺喜时，他特意将老头也请到宴席上，并且尊为上席。敬酒时，曾国藩先向大家介绍，首席是他湖南来的干爹，众人听了一齐起身致敬，接着曾国藩就说他干爹一生勤劳，为人忠厚，怎么也不愿意在南京久住，说着从衙役手中接过一个红色的小盒子，打开后拿出一把折扇说："我准备送干爹一个小礼物，列位看得起的话，就请也在折扇上题留芳名，做个永久的纪念。"大家接过扇子一看，扇面上已经工工整整地落了款。上款是"如父大人侍右"，下款是"如男曾国藩敬献"。于是众人都在扇面上签了名字，有的还提了诗句，不到半个时辰，折扇的两面都写满了字，曾国藩和老头都起身向文武官员致谢。

席散后，老头拿着折扇回到住处抱怨说："一个二指宽的条子总也不肯写，却要费这么大的功夫在扇子上写这么多字。"曾国藩的夫人听到了老头的话，就忙从他手中接过盒子打开一看是一把扇子，她打开扇子一看，不觉大吃一惊说："干爹呀，恭喜恭喜，这可是个大宝贝呀。"老头拉着脸说："这扇子有啥用，还不如给我写个二指宽的条子。""哎呀，干爹，这可要比您要的条子宝贵呀，拿回去，不论打官司还是办别的事，任他官多大，见到此扇都会给几分面子，你要放好，可不要把它弄丢了。"曾国藩夫人嘱咐老头说。

老头听了恍然大悟，高高兴兴地回家了。这次老头拿着扇子大摇大摆地进了衡州衙门。那个时代，进公堂拿扇子是藐视公堂，要受到惩罚的，衡州知府看老头手拿扇子，大喝一声"把扇子丢下！"老头装作没听见，一个衙役上前夺了折扇准备丢到地上。老头说："可丢不得，是我干儿子送的。"知府把惊堂木一拍说："拿上来。"他接过扇子一看，惊了，翻来覆去看了几遍，最后他看了看老头说了声"退堂"。之后，知府对老头恭恭敬敬还用轿子把他送回了家。这场官司的输赢也就可想而知了。

由此可见曾国藩考虑事情的周到和缜密，他做事几乎是滴水不漏，一把折扇，表面是在显示亲情，实则是帮助他，用这样的办法比二指宽的条子更管用，并且还能够使曾国藩免于干涉地方公务之嫌，曾国藩谋事之深，虑事之远，足见其处事的智慧。凡事给对方留有余地，这就是曾国藩为人处世常胜不败的奥秘之一。

世事变化无常，无论做什么事，都要懂得给自己或者别人留有余地。不要一下子把事做绝，把路堵死。只有凡事留有余地，你才能事事顺利。

多做人情，人际关系更良好

{有心计的女人应学会冷庙烧香}

俗话说："平时不烧香，临事要慌张。"平常不联系的朋友，有事了才去联系人家，由于平时的关系疏远，有事别人也不会乐意帮助你。有人甚至会说"八百年都没有联系过一次，有事才知道想起我。"有些人则干脆拒绝，因为平时没有什么交情，拒绝也不会感到不好意思。在人际交往中，做一个有"心计"的女人，要学会冷庙烧香，不要事到临头才想起拜佛。一个有"心计"的女人应该懂得冷庙烧香，对于那些暂时失势的人，你不应该远离，而是应该更加对他好。要知道平时风光的人，烧香的人也多，此时他春风得意，你对他再好，他也不会放在心上，甚至以为你和千万人一样是抱着某种目的对他好的。但是冷庙就不一样了，此时的他无人问津，你去拜访他，他定感激不尽，如果有天他得势，一定会助你直上青云。

女人有"心计"，才能够在人际关系中左右逢源，不但要学会和"热庙"的佛交往，还要学会和"冷庙"的"佛"打交道。常言道：冷庙烧香，有备无患。平时在冷庙烧香，如果有天风水转变，冷庙成为热庙，他一定对你刮目相看，也不会把你和那些重新对他毕恭毕敬的人看作是一样的趋炎附势之辈。

有一位企业的总经理，每到节假日家里的客人都会络绎不绝，那些人都是带着大包小包的礼物去看望他。可是自从他退休后，到了节假日，以往门庭若市，现在却是冷冷清清，几乎无人问津。他的心情非常落寞，并深切地感到了世态炎凉。正在他感怀的时候，他以前的一位下属带着礼物来看他，他在任期间，并没有很重视这位职员，可是此刻却只有他愿意来拜访自己这个退休离职的老人，因此老人在心里非常感动。

所谓风水轮流转，他退休在家才一年，原来的公司鉴于他以前在公司的出色表现，把他聘为顾问，他上任后，身边立刻又围绕了一群笑脸逢迎的人，但是他却只提拔了那个在他退休后还去看望他的那位职员。

锦上添花不如雪中送炭，一个有心计的女人，懂得该什么时候去烧香，什么时候去拜佛。冷庙烧香才能有备无患。试想，一个人得意时，你对他毕恭毕敬；一旦他失意，你立刻寻找新的靠山，而置他不顾。这让对方看清了你的为人，一旦他日得势，你一定被他拉入黑名单。所以说不论什么时候，一定要学会冷庙烧香，只有这样才能够让你在风云变化的社会立足。

女人在社会中立足要付出更多，当你遇到困难的时候，才想起那些能够给你帮助的人，那么你将永远无法得到别人真心地帮助。如果想让你在人际交往中无往不利，得到更多人的帮助，就应该学会冷庙烧香，只有这样，你才能得到更多贵人的提携。

{ 冷庙烧香好办事 }

人们常说：晴天留人情，雨天好借伞。女人要想在社会上立足，就要懂心计，做一个有心计的女人，才能够在尔虞我诈的社会中占据一席之地。从而掌握自己的命运，不用担心被人丢弃。同时，一个女人也该懂得，在做事的时候也应该有长远的战略眼光，不要因为他人失意而看不起他，相反要学会冷庙烧香。

冷庙烧香并不难，关键就是平时多做人情，做人情会使自己的人际关系更好，有时候人情是一本万利的事情。冷庙烧香会使你在办事的时候更加的顺畅。晚清著名的红顶商人胡雪岩就非常懂得冷庙烧香。他本来是一个小商人，但是凭借着他的心计，却使他成就了自己的一番大事业。

当时杭州有一个小官叫王有龄，他一心向上爬，但是却苦于没有钱做敲门砖，正处于官场失落的阶段。胡雪岩平时与他有些来往。随着两人关系的加深，他们开始说一些心里话，有一天，王有龄对胡雪岩说："雪岩兄，我并非无门路，只是手头无钱，十谒朱门九不开。"胡雪岩说："我愿意倾家荡产，助你一臂之力。"王有龄说："我富贵了绝不会忘记胡兄。"

于是胡雪岩变卖了家产，筹集了几千两银子，拿去给王有龄去京师求官，而胡雪岩依然做着他的小生意，对于他的行为，很多人都讥笑他。但是胡雪岩依然做着自己的事。

几年后，王有龄的仕途之路非常顺畅，他身着巡抚的官服登门拜访胡雪岩，问他有何要求，胡雪岩说："祝贺您福星高照，我并无困难。"但是王有龄是一个讲情义的人，他一直记得胡雪岩当年的赠银之恩，于是利用职务之便，所有的军事所需都到胡雪岩的店中购买，因此胡雪岩的生意也越做越大。

胡雪岩的成功和他善于冷庙烧香不无关系，当时王有龄对他可以说没有任何帮助，但是他依然愿意变卖家产助他去京师求官，那么王有龄发达了自然不会忘掉胡雪岩曾经的倾力相助。

生活中，无论做什么事情，遇到什么人，不妨灵活点，经常帮助别人一把，别人也会牢记在心，当你有事的时候，就很容易得到帮助。所谓冷庙烧香好办事，在他人落寞时，你伸手拉了他一把，待到他日后富贵时自然就不会忘记你的恩，也会回头来帮助你。一个有心计的女人，应该懂得英雄落难，壮士潦倒都是常见的事，不妨学学李凤姐，多帮助一下那些失意的"书生"，多到冷庙烧烧香，也许你就会遇到你生命中的贵人，那么办事还有什么难的呢。

不因失意而气馁，不因得意而忘形

{在失意者面前不谈得意事}

人人都希望听到别人的夸奖，因此，有些人有了一点小成就便会到处炫耀，到处说与人听，唯恐别人不知道。其实在别人面前总说这些，很容易使人产生被比下去的感觉，也因此他可能就不再希望与人来往。所以一个有心计的女人应该懂得在什么人面前说什么话。在失意的人面前绝对不要诉说自己的得意。免得遭到别人的嫉妒和厌烦。

张军的一个朋友因为经营不善破产了，于是他关闭了公司，但是没有想到屋漏偏逢连夜雨，他的妻子因为不堪生活的压力，又闹着要和他离婚，这使得这个朋友非常痛苦。张军出于好意，约了几个朋友到他家里吃饭，希望能够借着热闹的气氛，让这位正处于低谷的朋友振作起来，心情好一些。

来吃饭的朋友都是大家熟悉的，也知道他的这个朋友的遭遇，于是大家都尽量避免谈与事业有关的事情，唯恐触及了他的痛处。因此大家聊的还算开心。他们其中有一位朋友因为目前赚了很多钱，几杯酒下肚，忍不住就开始谈他赚钱的本领和花钱的功夫，那种得意的神情，使在场的人看了都有些不舒服。但是他自己却越说越得意，一点也没有察觉到那位破产的朋友脸色越来越难看。最终这位朋友借口提前离开了，这次的聚会本来是要安慰他，结果却使他更加痛苦了。

在失意的人面前谈论自己的得意事，等于是在别人的伤口上撒盐。所以说，处事一定要注意别人的心情和场合。因为，人生无常，每个人都会经历人生的低谷，每个人也都会遇到不如意的时候，如果你总是在失意人的面前炫耀自己的得意之处，无异于把钉子插在了别人心上，即使拔了下来，也还是有洞的，也许你不在意，但是无形中就会与这个人的距离越来越远。这样对自己对别人都没有好处。

在为人处世中，一定要做一个有心计的人，懂得照顾别人的心情，不要一味谈论自己的好事，得意忘形，不顾别人的脸色和难堪。女人都是有虚荣心的，都有炫耀的毛病，甚至自己的老公给自己买了件大衣，也恨不得赶紧到朋友面前展示一番。这是人之常情，一个人的成就如果只有自己一个人知道，那么似乎也没有了成就感可言。所以，对于自己的得意事希望在别人面前谈论一番也是无可厚非的，哪一个意气风发的人不希望滔滔不绝地向别人谈论自己的"话说当年……"但是高兴事要看场合，如果别人本来心情就不好，比如说刚刚失恋，而你却偏偏要在她面前谈论你新交的男朋友多么好，那么对方一定会厌烦你不想听你说话。

面对自己的得意之事，并不是不可以谈论，而是要看场合。这就是为人处事的原则，一个有心计的女人，就会明白，分清场合再说话，不会得意而忘形，亦不会失意而气馁。只有这样的女人才会处处受欢迎，事事都会如意。

｛做有心计女人，得意莫忘形｝

人活着是为了争口气，于是有的人一旦得意就到处炫耀，到处摆谱，完全忘记了自己当初所经历的苦难。人可以得意，但是不能忘形，因为不论处于怎样的得意之处，一旦忘形，离打回原形就不远了。处世做人要有心计，这种心计就是要看清事实。当自己平步青云时，也许是经过了很多人的帮助，才取得今天的成绩。所谓滴水之恩涌泉报，这时的你切莫忘记了别人的恩情。对于一些小人得志的人，一旦得意忘形最终就只会使自己孤单一人。因为，人生有潮起潮落，当你不小心失意了，便会树倒猢狲散，那些平时围绕你的人就会各自寻找自己的出路去了。

作为一个女人，一定要有心计，得意时不要忘形，而要用心去对待你身边的人，这样即使你失意，你们还有感情在，而不是纯利益的关系。只有这样你才有东山再起的机会，在以后的路上才能够依然如意。

美国汽车大王福特曾说："一个人如果自以为已经有了许多成就而止步不前，那么他的失败就在眼前了。许多人一开始奋斗得十分起劲，但前途稍露光明后，便自鸣得意起来，于是失败立刻接踵而来。"得意的人必定不会有危机感，更不会注意脚下的石头，如果一个人因为得意而忘形，那么很快他就会栽跟斗。

一个有心计的女人是不会忘形的，她即使春风得意，也会看清形势，也知道自己应该做什么，应该怎么做才能够保持得到的成就，怎样把它做好。俗话说："打江山容易，守江山难。"是因为坐拥江山后，忘记了最初奋斗时的艰苦，而被成功的得意冲昏了头脑。得意会搅乱你的脑袋，使你不能正常思考。人处在得意之时，最容易忘形，所谓乐极生悲，终至滋生败象。而有心计的人，不会高兴得太早，她凡事都算计得极为周详，不会因为一点成功而沾沾自喜，而是再接再厉，再创佳绩。

没有永远的成功，如果因为一时的成功而自鸣得意，那么接下来也许失败就会找上门。所以在成功时，不能光顾着高兴，也应该想想怎样才能维持成功。在社会上，每个女人都希望能够找一个好老公，有些人成功了，最后却又遭到了抛弃。究其原因就是因为太过得意忘形，一朝嫁作贵人妇，便挥金如土，名牌包、名牌服装、名牌化妆品，只顾享乐，而没有一点危机感，也不再注重培养和"贵人"的感情，因此最终难免要成为"下堂妻"。

有心计的女人时时都会有危机感，不会得意忘形。在与人相处，和处事中，懂得步步为营，小心谨慎，只有这样才能使自己稳立于不败之地。

懂得示弱，借他人之力走向成功

｛有心计的女人懂得示弱｝

千百年来，女人一直被人们视为弱者。其实在世界上不乏有很多女强人存在，但是细数那些女强人，无一不是懂得示弱的女人。女人，应该懂心计，更应该懂得如何利用自己的资本去获得更多，更应该懂得示弱，以借助别人的力量更快地走向成功。

好强的女人是辛苦的，因为女人往往要付出比男人多几倍的努力才能够成功。因为在当今社会中，虽然人们都在大喊男女平等的口号，但是中国几千年的男尊女卑的观念，使得很多人的心里依然认为女人就是一个弱者。没有心计的女人会为了和男人一较高低，而努力奋斗，以期望凭借自己的实力来证明女人并不比男人弱。有心计的女人却懂得利用男人的力量帮助自己实现理想。有心计的女人，懂得示弱的艺术，她不计较面子，不计较得失，随时随地都能够运用心计使得自己的计谋得逞，轻松地实现自己的意愿。

如果适当的示弱就可以帮助你实现理想，那么，为什么一定要大费周章让自己受更多的苦难呢。在职场，一个懂得示弱的女人会获得更多人的帮助；在婚姻中一个懂得示弱的女人会使自己的婚姻更加幸福；在爱情中，一个懂得示弱的女人会使自己的爱情更加甜蜜。如果说女人是水，那么示弱就是糖，一个懂得示弱的女人让人感到甜蜜，也会得到更多人的喜爱。

一个著名的主持人事业上非常成功，因为她每天的工作都很忙，甚至整天加班，她的丈夫忍受不了终于提出了离婚，那时孩子才8岁，判给了她。

2年后，她遇到了现在的先生，先生不介意她带着孩子，就这样他们又组成了一个三口之家。起初她和先生总是有一些拌嘴或者吵架之类的事情发生，后来她遇到了婆婆，婆婆教会了她懂得示弱的智慧。

那天先生的父亲生病，她看到婆婆正在厨房里煲公公最喜爱喝的汤，做好后婆婆让她给公公送到医院，并且交代说是在别处买的，而不要说是自己做的。要知道平时婆婆总是说自己不会做饭，也因此平时都是公公做的饭。婆婆是一个有名的雕塑家，她的事业可以说比公公的强了很多。但是他们从来都是和睦相处，几十年如一日，从没有红过脸。在她的好奇询问下，婆婆道出了原委，她说，他在事业上不如我，但是他能烧一手好菜，他煲的汤好喝，虽然我比他更会做饭，但是他是男人，总要给他留一点面子，让他有一点比我强的地方。婆婆的几句话道出了做女人的真谛，使她恍然大悟。

从此在和先生的相处中，一遇到和先生有冲突的时候，她就拿出了婆婆教给她的示弱的技巧，果真百试不爽，每次都是先生高兴地按她的意思办还会说她的好。

对于一个女人来说，有一个幸福的婚姻可以说是最大的成功。在婚姻中，女人更应该学会示弱，做一个有心计的女人，才能够在婚姻中掌握主动。做一个有心计的女人，事事才会顺利。

{ 女人要懂得扮演弱者角色 }

在现实生活中，一些事业非常成功的女人都是在情场失意者。不是因为被情所伤用事业来填补自己的内心，就是太过强势，没有男人敢要。作为一个女人，无论她的事业怎样成功，如果没有一个疼她的男人，她的人生都不能说是完整的。只有那些懂得平衡事业和婚姻的女人才能够作为真正的成功者。

一个有心计的女人绝对不是要陷害别人，而是要获得别人的同情。有心计的女人懂得在适当的时候扮演弱者的角色。扮演弱者的角色是女人得天独厚的资本，作为一个有心计的女人一定要善加利用这种独有的资源。女人扮演弱者可以得到社会、领导、同事更多的关爱。在上司面前，女人扮演弱者，会得到领导的怜惜，从而对你照顾有加，甚至会帮助你渡过难关。在男人面前扮演弱者可以使男人满足自己男子汉大丈夫英雄的心理。因此，女人如果懂得一点心机，知道什么时候扮演弱者的角色能够使自己办事更顺利，那么她的人生一定处处畅通。

在现实生活中，其实女人比男人面临着更大更多的压力，在这个倡导男女平等，但实际上并不平等的社会里。女人也需要工作，可是女人还要在家庭中扮演好一个妻子、母亲的角色。一个原本柔弱的女人要承担这么多的事情，如果再遇到一个大男子主义的男人，自己什么事情都不做，把所有的事情都推给女人，那么女人的压力自然就会更大。所以在这种情况下，女人更要学会用心计使自己摆脱这种困境，绝对不能甘心受欺压。有心计的女人懂得在丈夫面前扮演弱者的角色，能够使丈夫心甘情愿地为自己分担家务和照顾孩子的重任。有心计的女人懂得在上司面前扮演弱者的角色，从而使自己的工作能完成得更加顺利。

　　一个有心计的女人懂得在适当的时候扮演弱者的角色，这样才不会被别人使来唤去当作劳工使用。扮演弱者的角色能够得到更多人的怜爱和保护，能够让你在前行的路上多一些贵人相助，少一些坎坷困难。

微笑是改善人际关系的重要力量

{ 微笑的女人是最受欢迎的 }

微笑是女人最美丽的容颜,谁都无法抗拒一个有着美丽笑容的女人。微笑使女人在交际场合成为众人的焦点,微笑使女人成为最受欢迎的人。微笑就像是一缕春风,它带给人们的是欢快的心情,微笑的女人能够带给人们一种欢喜的心情,拥有灿烂微笑的女人是最美丽的。拿破仑·希尔曾经说:"真诚的微笑,其效用如同神奇的按钮,能立即接通他人友善的感情,因为它在告诉对方,我喜欢你,我愿意做你的朋友。同时也在说:我认为你也会喜欢我的。"

微笑是两个人沟通的大门,两个陌生人可能会因为一个微笑成为好朋友,所以说,要想在人际交往中拥有好人缘,微笑是必不可少的。你可以不美丽,可以没有才华,但是一定不能没有笑容,因为没有人会喜欢一个整天绷着一张苦瓜脸的女人。一个有心计的女人,就会懂得适时地运用微笑,一个微笑也许很微不足道,但是却不要小看它的力量。

美国名模辛迪·可克劳馥曾说:女人出门时若忘了化妆,最好的补救方法便是亮出你的微笑。喜欢笑的女人是美丽的,也是受人欢迎的,不论到了哪里一个满面笑容的人总是最吸引人注意,因为美丽的笑容使人如沐春风。笑容给人的是一种宽容、一种善意、一种力量。笑容是化解冷漠的开始,它能够使完全陌生的两个人打开心扉,成为知己。微笑是一个了不起的表情,无论是对你的上司、你的同事,还是你的朋友、你的家人,甚至是陌生人,只要你能够给他们以最真诚最灿烂的笑容,他们一定都不忍拒绝你。

微笑的女人是最受人欢迎的,正如人们都喜欢美丽的事物而不喜欢丑陋的事物一样。冰心说过:"不是每一道江河都能流入大海,但不流动的一定会成为死湖;不是每一粒种子都会成为参天大树,但不生长的种子,一定会成为空壳;活着,是生命的一种形式,而微笑则是生命中最美丽的花朵。"所以,女人应该懂一点心计,懂得善加利用自己的微笑，使自己的人际关系更加融合，使自己更加的受人欢迎。

｛微笑是一种心计｝

微笑的女人最美丽，美丽如画，灿若朝霞！当一个女人显露她最美丽的笑容时，任何一个人都无法抵挡她的魅力。

微笑是一种礼物、一种素质、一种涵养，更是一种魅力。微笑，是打开社交大门的"心计"，一个女人如果拥有了在各种场合微笑的心计，那么她就可以用微笑来征服对手，为自己赢得所有。微笑是一种心计，拥有了这种心计，女人可以在社交中游刃有余。微笑有助于缓解负面情绪，并且有助于人们之间的交往。它能够化解人们内心的抵触和警惕，缩短人们心与心之间的距离。

微笑是人与人交往的润滑剂，有心计的女人更善于利用它。在卡耐基的培训中，他要求商人们用一个星期的时间，每天24小时都对别人微笑，然后再回到班上来，所得的结果与从前有了很大的变化。其中变化最大的是威廉•史坦哈。

史坦哈回忆说：在我结婚的18年中，我几乎很少对我太太微笑，甚至就没有对她说过几句话。我是整个百老汇最闷闷不乐的人。在卡耐基提出了用一个星期对别人微笑时我决定试试看。从此我去上班时就会对大楼的电梯管理员微笑，说一声早安。我微笑着和大楼的警卫打招呼。我对地铁的出纳小姐微笑，当我换零钱的时候。当我站在交易所时，我对那些以前从没有见过我微笑的人微笑。很快，我就发现，每一个人也都对我报以微笑。我以一种愉悦的态度，来对待那些牢骚满腹的人。我一面听他们的牢骚，一面微笑着，于是问题也就变得容易解决了。我发现微笑带给我更多的收入，每天都带来更多的钞票。我在不知不觉中改变了喜欢批评人的习惯，我开始赞美和欣赏他人。这样我自己也变成了一个快乐的人。

微笑是改善人际关系的重要力量，当你对别人微笑的时候，别人也会对你微笑。中国有一句古语说：一笑泯恩仇。哪怕你们曾经是敌人，只要你愿意给对方一个微笑，那么以前所有的种种都可以化干戈为玉帛。也可以说，微笑是上帝赋予女人最有利的特权和武器，既然拥有了这种武器，女人就应该善加利用。

不会微笑的女人是丑陋的，因为没有人喜欢看你整天愁眉苦脸，你的一个微笑可以改变他人的心情，给他们带来快乐。所以一个有心计的女人，善于利用微笑来带给别人快乐，并且在无声无息中实现自己的目的。

适时沉默是每一个女人的必修课

｛有心计的女人知道何时闭嘴｝

想必每个女人都不想变成《大话西游》里面那个婆婆妈妈惹人讨厌的啰唆唐僧吧。因为唐僧的啰唆，不但惹恼孙悟空离开，就连大慈大悲的观世音菩萨也恼怒得一掌将其推开。在人们的观念中说到女人，似乎就和啰唆、滔滔不绝联系到了一起。人们经常将滔滔不绝的女人称为泼妇、怨妇等等。甚至有很多男人因为受不了家里女人的唠叨而选择不回家或者干脆离婚。古希腊有位伟大的哲学家为了避开他那位脾气暴躁、指责不停的妻子，宁愿躲在雅典的树下思考。拿破仑三世的皇后喜欢唠叨，而其丈夫为了避开她的唠叨，经常会在夜晚去陪伴另一位美丽的女子。这些女人之所以使得自己的丈夫远离，正是因为她们不懂得何时该保持沉默，不懂得适时的闭嘴。

都说女人的嘴是一刻也闲不住的，贵为皇后的女人也不能克制自己，那么普通人家的平凡女子更可想而知。试想，一个美丽、漂亮的女人总是一刻不停地在说着别人的家长里短，即使她貌若天仙，人们也很难从她身上看到优雅、大气。所以女人一定要学会适时的沉默，也许你此刻很想倾诉，但是你一定要为你的形象你的前途着想，而不要随性而为，要成为一个不凡的女人，一定要有心计，而不是愚蠢地任由自己的嘴说三道四。

一个优雅的女人，她一定懂得什么时候该闭口，什么时候该说话；她懂得在什么场合该说什么话，不该说什么话。沉默对于女人来说是一种良好的品质，也是一种智慧。一个沉默的女人总是比一个喜欢大吵大闹的女人更有吸引力。沉默具有摄人心魄的力量，沉默时，会使你思路更加清晰，更容易使你做出正确的决定，一个善于沉默的女人是智慧的表现，更是一个有内涵的女人。而整日喋喋不休的女人，则多数缺乏自信和主见的表现。

在与人的交往中，有心计的女人知道何时闭嘴。因为言多必失，祸从口出，一个口不择言的女人总是会乱说话，或者是因此而得罪人。所以聪明有心计的女人懂得什么时候该保持沉默。将发言权留给对方，而不是自己一直滔滔不绝的表现。沉默的女人给人一种韵味，她有别于那种哗众取宠故意赚人眼球的女人。当女人拥有一份属于自己的宁静，她的魅力就是无可比拟的。所以说女人应该适时地保持沉默，这样才能够凸显你的内涵，呈现出一种别样的风采。

｛沉默的女人是白金｝

现实中，地位越高的女人话越少，越懂得沉默。因为人们很少会看到社交名媛会因为生气而滔滔不绝的大骂。但是这样说显然是没有根据的，因为豪门的贵小姐也不一定就会忍一时风平浪静。相反那些有才华，有学识，有内涵的女人才是真正具有沉默气质。她们安静于一隅，不张扬，不高调，而是自顾自地活着自己的精彩，因此有人说沉默的女人是白金。她们比白金还高贵。如果说沉默的男人是黄金，那么沉默的女人就是白金。

一个懂得沉默的女人，一定是一个内心丰富的女人，因为只有内心丰富的女人才真正懂得沉默的真谛。沉默不是单纯的不说话，沉默是一种思考，沉默是内心的一种淡然。沉默的女子内心可能有一片海，早已波涛汹涌，但是你却看不出一丝一毫的波澜，你看到的是她外表的恬静和淡然。沉默的女人在男人眼中是一种魅力，她更受人们的青睐。一个有心计的女人，知道如何把沉默做到恰到好处。沉默的女人大多聪慧和内秀，他们的内心多有自己的主见和对生活的感悟。

一个女人要想获得幸福，就一定要会用心计，要懂得沉默。沉默的女人是白金，一个懂得适时沉默的女人可以说全身上下都是金。这种女人有一种摄人心魄的美丽，这样的女人任何一个人都会喜欢的。所以说一个渴望幸福的女人应该懂得如何做一个"白金"女人。

有一对夫妇正在河边钓鱼，女人在一旁唠叨不休。不一会，有鱼上钩了。女人说：这条鱼真够可怜的！男人接着说：是啊，只要它闭嘴，不也就没事了！男人都喜欢娴静的女人，但是婚姻造就了一个又一个唠叨的妇人。这里先不论是男人的错，还是女人的错。问题是，要想保持婚姻，就一定要改变自己的唠叨形象，适时沉默。男人都喜欢白金女人，所以一个受男人宠爱的女人一定懂得适时的沉默。

女人要想一辈子幸福，事事顺利，懂得适时沉默，那就做一个有心计的女人吧。不要在喋喋不休中丢掉了你曾经的优雅、美丽，而使所有的人都想远离你。在适当的时候沉默是每一个女人的必修课，因为只有沉默才能够使你保存自己的气质。

沉默是女人的心计，一个有心计的女人是不会和别人争辩的，她会用沉默来向世人显露她的品质。有心计的女人是美丽的，因为她懂得沉默，一个懂得适时沉默的女人，她会从内由外散发出一种无形的魅力。

平衡人生过程中的得与失

｛女人要学会拿得起放得下｝

有人说：人生最大的选择就是拿得起、放得下。因为只有这样，你的生活才会轻松而幸福。但是现实中的女人都是一个完美主义者，拿得起容易，放得下却难。对于女人来说，最放不下的就是爱情。有多少女人疯狂地投入到一份感情中去，但是当激情过后，爱已不在，曾经温柔多情的男主角抽身离去，而女人的柔情却并未退却。因为，爱情是女人心中最柔软的一处，从来都不曾放下，所以，最后难免就会被爱情所伤。其实一个聪明的女人，同样也应该在爱情中做一个有心计的女人，应该爱得起，也要放得下。不要因为爱人的背叛，而沉浸于悲伤中无法自拔。

人生中有很多得与失，鱼与熊掌永远不可能兼得。但是不论是得还是失，只要能够以一种平和的心态去坦然面对，能够拿得起放得下，那么你的人生道路一定会处处顺畅。所以说在得与失面前，你应该做一个有心计的女人，不要感情用事，而应该以理智的头脑去选择。人生在世，拿得起是一种勇气，放得下是一种度量。不论是名利还是爱情或者是其他任何物质，能够拿得起也应该放得下，它是一种人生态度。人生无常，没有永远的风雨，更没有永远的阳光，下一刻谁也不知道会发生什么事情，而你能够把握的，就是用一颗平常心去迎接它。当名利已去，你在心里就应该将它放下，有些东西也许原本就不属于你，背着也是负累，何苦委屈自己呢！

有一对在佛门修行的师徒俩，他们走到了一条河边，正要过河。听到一个女人的哭声，原来女人也要过河，但是因为胆小，女人几次试水都不敢过。于是师父二话不说背这个女人过了河。靠了岸，师父什么也没说放下女人和徒弟继续赶路。徒弟一路上都想不通，心想：师父怎么了，竟敢背女子过河？他一路走，一路想，终于忍不住了，就开口问道：师傅，你好像犯戒了。出家之人，怎么能够背女人呢？师父坦然地对徒弟说：我早已放下，你却还放不下。

人生在世几十年，在这中间，你可能会得到很多，但在同时你也会失去很多，可以说人生就是一个得到与失去的过程。有心计的女人懂得平衡得与失，有心计的女人懂得拿得起，放得下，因为她知道什么应该为之付出，什么应该舍弃。有些东西，得到了是你的幸运，而失去时，也不要念念不忘，失去是因为它原本就不属于你，有些东西是强求不来的。只有懂得放下才能够有精力去寻找更适合你或者是更好的东西，如果你为失去一片云而哭泣，那么你可能会错过整个天空。所以说有心计的女人不会因小失大，她知道什么时候该放下。

　　拿得起放得下是一种勇气，只有能够把自己在乎的东西看淡才能够放得下，比如说名利、比如说金钱，这些东西任何人都喜欢。喜欢，可以争取，但是要量力而为。如果对于一样东西，你拿不起，又放不下，那么你就会患得患失。人生自然也不会有任何乐趣可言。凡事拿得起放得下，能使你成为一个优雅、气质、成熟、美丽的女人。因为放得下是一种心态，一个懂得放下的女人，是智慧的女人，是大气的女人，更是美丽的女人。

｛放得下是一种智慧｝

　　生活不可能处处如意，有些东西，你越是想得到，就越是得不到，所以要学会放下。一个懂得放下的女人，是一个智慧的女人。因为放得下会令女人更加富有魅力，但是放下并不意味着就是放弃，有心计的女人懂得如何把这两者分开，想要的东西可以努力去争取，但是有时候，你可能努力了也得不到，这个时候就要懂得放下。该得到却得不到的东西，不能怨恨人生，也不能怨恨命运，只能自我调节。有心计的女人会正确地看待得失，在面对不公平时，她会调整自己以适应社会，放得下是一种智慧，它能够帮助女人成为处世高手。

　　有人说，人生就像过山车，有高峰，就有低谷。不论是高峰，还是低谷，你都应该以坦然的胸怀面对，人生短暂，成功失败都如浮云，转瞬即过，如果你放不下曾经拥有的，那么你可能会将人生的大部分时间都浪费在悔恨中。它甚至能够消磨你的意志和容颜。要知道女人的容颜是最经不起时光打磨的，如果在时光里又加入了不好的心态，那么即使你再美丽，也会爬满沟壑。只有把所有的不幸放下，才能够保持好心情，才能够活的舒心和潇洒。

　　有一个喜爱收藏茶壶的收藏家，收集了无数的茶壶，只要听说哪里有好茶壶，不论多远的路途他都会去鉴赏，如果看中了，不论多高的价钱，他都会买下。在他收藏的众多茶壶中，他最喜欢的是其中的一只龙头壶。

一天，一个久未见面的朋友来拜访，他拿出了这个龙头壶招待。在二人开心的畅谈时，朋友对这只龙头壶赞不绝口，并把它拿起来仔细观看，结果一不小心掉到了地上，茶壶应声破裂。因为这是收藏家最为得意的茶壶，整个屋子都陷入一片寂静。

正当这位朋友不知所措时，收藏家起身蹲下默默收拾这些碎片，将它交给一旁的家人，然后拿起另一只茶壶继续泡茶说笑，好像什么事都没发生过一样。事后，有人问他："这是你最喜爱的一只茶壶，被打破了，你不觉得惋惜吗？"他回答说："壶已经破了，破了的壶留恋又有何益，不如重新去寻找，也许还能得到更好的呢！"

生活中，也许每个人都会经历得到然后再失去这个过程，但是又有多少人能够做到拿得起，放得下呢？如果你想成为一位充满智慧的女人，就要学会有心计，用心计去经营自己的人生，做一个拿得起放得下的大气女人，这样你就不会为得失所累，你的人生自然也会充满幸福和如意。

为人处事要处处周全，面面俱到

{求人办事要懂得察言观色}

生活中难免要遇到一些小麻烦，求人办事可以说是必不可少的。有时候求人办事不一定会顺利，可能会遭受到对方的拒绝。这个时候，有心计的女人知道如何去窥探对方的心理，从而抓住时机向对方提出要求办成自己的事情。或者说，也就是在求人办事的过程中要懂得察言观色，不懂察言观色的人很难把握对方的心理，也不可能得到对方的帮助。比如说你要去求一个人帮忙，你去的时候正巧那个人正在气头上，这个时候如果你开口，他一定不会乐意帮你，这样你以后就没有机会再说了。而有心计的女人则会察言观色，看到对方心情不好，会先不说，而在对方高兴的时候再提出。

察言观色也是人们常说的看脸色行事，懂得看人脸色能够把握住真正的时机，自然你所要办的事情也会容易很多。比如说在职场，懂得看上司的脸色，善于观察上司的喜怒哀乐，那么你就能够在职场中走得更远。懂得看同事的脸色，读懂同事身上的每一个小动作，你就能够玩转复杂的职场。在社会场合你懂得察言观色，就能够在人际交往中游刃有余，拥有更多的人脉。

女人要想在职场上占有一席之地，就必须做一个有心计的女人。只有这样你才能够在强悍的男人堆里胜出。那些在职场中有多年经验或者一个从基层做起并晋升到高位的管理人员，要问他们高升的经验，他们大多都会说要善于观察上司的脸色。可见，察言观色是非常重要的事情。

清朝时候，一位新上任的县令，初次去拜见他的上司，因为彼此不熟悉，这个县令想不出该说什么。沉默了一会，该县令忽然大声问道："大人尊姓？"这位上司想你竟然连我姓什么都不知道，于是他不高兴地勉强说了自己的姓。县令听了低头想了很久说："大人的姓，百家姓中是没有的。"上司听了很惊异说："我是旗人,贵县不知道吗?"县令又站起身问:"大人在那一旗?"上司说:"正红旗。"县令说:"正黄旗最好,大人怎么不在正黄旗呢?"上司听了勃然大怒说:"贵县是哪个省的人?"县令说:"广西。"上司说:"广东最好,你为什么不在广东?"县令吃了一惊,这才发现上司满脸怒气,赶快走了出去。不久这位县令就被借故免职了。

这位县令正是不懂得察言观色,当他说第一句话的时候,他的上司就有点不悦,可他不懂看上司的脸色,还继续口无遮拦地越说越过分,最终上司终于忍不住大发雷霆。他的下场就可想而知了。

做一个有心计的女人,懂得对上司或者所求者察言观色,从细节把握对方的心理,知己知彼你才能在和对方的交往中取胜。

{ 职场丽人察言观色的四种技巧 }

作为职场丽人,在职场中难免要和不同的人打交道,上司、客户、下属等等,要处处周全,面面俱到,才能够在职场中站得更稳。职场不是家,所以不能你想怎样就怎样,在职场中你犯错了,上司不会像家长一样原谅你,你需要付出代价。所以身在职场的女人就应该做有心计,懂得如何在职场中生存,学会察言观色的技巧,让自己的职场之路更加宽阔。

适用于职场丽人的四种察言观色技巧:

1. 看脸色行事

除了少数职场老狐狸,大多数的人都会把内心的变化表现在脸上。如果你懂得察言观色,就一定能够从对方的脸上找出一些蛛丝马迹。

例如在谈判中,你可以从对方脸上表情的变化来猜测他内心所想,从而把握先机,捕捉信息,恰当地做出正确的决策。

如果你去拜访一位上司,他若是对你的话心不在焉,并且一直看表,可能他还有其他的事情,或是要等什么人。此时你可以对他说:"您今天还有更要紧的事吧,那您先忙吧,咱们改天再聊。"此时他一定对你产生好感和感激之情。要知道来的是客,他不好意思赶你走,但是又确实有其他的事情。如果你自己主动提出来替他解决难题,他一定会对你有好感。

在人际交往中,懂得看对方的脸色,从而掌握对方的意图,能够使你把握主动，做到游刃有余。

2. 透过"眼神"辨人心

人们说："眼睛是心灵的窗户"。眼睛的变化可以反映一个人的性格，如果说一个善于伪装的人可以把喜怒哀乐掩藏起来，不使其表现在脸上，但是眼睛里所反映的东西是怎样也不能伪装的。读懂一个人的眼神，便可以知晓他内心的状况。

眼神沉静，是一种自信的表现，说明他早已对你着急的问题成竹在胸，稳操胜券。只要你向他请示，他大多会告诉你。但如果他不肯说可能是时机不到，你也不必多问，只等他考虑周全了自会告诉你。

眼神散乱，表明他对于你提出的问题也毫无办法，你就算向他求助也是无用的。此时你应该另想办法。如果你一味向他求助，只能使他更六神无主。

眼神阴沉，是一种凶狠的表现，与这种人交往，你应该小心一点。他往往不会轻易开口，但是会在背后伺机而动。

不同的眼神表示其内心不同的变化，如果你掌握了观察他人眼神的功夫，那么就可发现对方内心真实的想法。

3. 从衣着看透对方性格

穿不同风格、颜色的衣服表示人不同的性格和内心，因为人们在选购衣服时会把自己的心理状态表现得袒露无遗。

衣着华丽者具有强烈的自我表现欲，爱出风头。当你和这种人打交道时要多满足对方的表现欲，多夸奖对方，这样他们就乐意与你交往，乐意帮助你。

衣着朴素者往往是自卑，缺乏自信的表现。这种人由于缺乏自信，更希望得到别人的肯定，当你渴望得到他们的帮助时，就应该多肯定他的能力，这样就可以起到你意想不到的效果。

追求流行的衣服，因为流行永远都是一阵风。喜欢流行衣服的人大多是没有主见，只是跟风向流行看齐，这种人情绪经常不安，心底常会有一种孤独感。所以只要你能够真心对待，他也会对你产生好感，培养你们之间的关系，他就会乐意帮助你。

在职场中学会察言观色，可以使你的职场之路更加宽广。察言观色是一种心计，只要你善于利用心计，把你的智慧发挥出来，你的职场之路一定会越走越宽。

目中无人、潦草大意难成事

{ 处事谨慎不易出错 }

　　谦虚谨慎是成功人士的必备品质,因为只有具备了这种品质,在平常的为人处世中才会温和有礼、平易近人,才会对别人尊重,善于听取别人的建议和意见。一个谨慎的人,处事总是深思熟虑,因此就很少会犯错误。谨慎也是一种心计,女人有心计,才会在处事中显得成熟稳重,才能够得到人们的信任。

　　谨慎是成大事不可缺少的品质。俗话说:一次错误当百回,也许你把每件事情都完成得很漂亮,但是如果你一旦出错,就可能会功败垂成。甚至使人对你完全失去信心,因此无论做什么事情,每一次都要保持谨慎。三国中的诸葛亮可谓是用兵如神,他一生谨慎,唯有在任用马谡时冲动了,但是就是因为这一次的冲动,他们付出了巨大的代价,导致街亭失守,更间接导致了整个北伐事业的失败,马谡也不幸丢掉了性命。处事一定要谨慎,要有心计,而不能随性而为,更不能居功自傲,只有谨慎,才能够使你事事运筹帷幄。

　　不论你做的是什么工作,担任的是什么职务,哪怕你只是一名家庭主妇,在处事中也应该有心计,做一个谨慎的女人。在职场中没有心计做事马虎的女人迟早都会被人淘汰;纵使你在家待着,也应该谨慎,一个有心计的女人可以和丈夫的关系保持得更亲密。所以说做一个有心计的女人,凡事谨慎,只有这样你不论是在职场还是在家庭中都能够事事顺利。

　　有心计的女人对于唾手可得的东西也不会大意,因为他们懂得谨慎的重要性,有时候纵使是你的东西,也可能会失去,所以不论是什么时候都不能大意。只有事事谨慎,才能够造就你幸福辉煌的人生。

{有心计的女人要谦虚}

其实女人和男人相比,女人更要强。于是"妻管严"就成了一个流行词。其实女人不必这么傲然,一个有心计的女人是懂得谦虚的,她不会在丈夫面前显示自己有多能干,她只会恰当地夸奖丈夫多能干,这样的女人往往是幸福的,因为她的丈夫一定很疼她。有心计的女人懂得谦虚,因为她知道谦虚能够使更多的人喜欢她,尊敬她。

谦虚是一种美德,不论你的事业多么成功,不论你多么的才华横溢,作为女人,你都应该懂得谦虚。因为一个恃才傲物的女人是不会受到欢迎的,人们喜爱的女性是善解人意的女人,绝对不是一个骄傲自负的跋扈女人。每个女人都喜欢得到别人的喜爱,但是只有有心计的女人才能够把握住处事的绝学。

扁鹊是齐国有名的神医,一次,齐国的国君欲封他为"天下第一神医"。然而扁鹊却坚决不受,说自己并不是天下第一,于是国君就问他谁是。扁鹊说自己的两个哥哥都比他医术高明。国君听了疑惑不解说:"那为什么他们两个都名不见经传呢?"扁鹊答道:"我二哥扁雁能够治大病于小恙,还在那些疾病的初期就能够诊断出来及时根治。所以他只是在家乡小有名气,村里有小毛病的人都去找二哥。而大哥扁鸿的医术更加出神入化,能够防病于未然,只要看人一眼就知道这个人可能得什么病,然后在其得病之前就及时治疗。所以只有家里人知道大哥的医术高明,连村里人都不知道大哥的水平。而我扁鹊,既不能治大病于小恙,又不能防患于未然,我医治的病人都已经病入膏肓了,所以我的两个哥哥才是真正的神医,而我只是名气大的名医。"

很多真正有才华的人都非常的谦虚,正因为他们的谦虚,所以更令人敬重,扁鹊因为他的谦虚,而使齐国的国君对他更加的礼遇。不论你的能力有多高,你的才华有多好,你都应该时刻记着做人要谦虚,只有你保持一颗谦虚的心,你才能在一些事情上获得进步,如果你满足于所得,产生骄傲自满的心态,那么你就不会再进步了。

谦虚是一种做人的态度,你越是谦虚,别人就会对你越看重。所以你要想得到别人的尊敬,就应该注意自己为人处事的态度,切记大张旗鼓,目中无人。处事有心计,可以使你在前行的路上少一些坎坷,多一些贵人相助。所以,做一个有心计的女人一定要懂得谦虚。

看清形势，能退能忍成大事

{ 女子也要"识时务" }

古语云：识时务者为俊杰，大丈夫能屈能伸。而要做一个成功的女性，女人也应该能屈能伸，要识时务。所谓识时务也就是要看清形势，面对强权要学会低头，懂得退一步。当然低头不一定是一辈子都要屈居人下，低头是一时的屈，是伺机而动厚积薄发。纵观古代的英雄好汉，大多都是懂得屈伸之道。聪明者能屈能伸，只有那些做事做人没有任何心计的莽汉才会因为一时的不忍而乱大谋或者丢掉性命。所以做一个识时务的女人，要有心计，更要懂得退一步海阔天空。

人生在世，难免会遭受许多挫折和苦难，这是人力所不能抗拒的，既然不能抗拒，就要接受，如果说一个人很穷，就要懂得识时务，这样才能够得到别人的帮助。如果一个人穷还要讲所谓的骨气，那么或许性命都不保。即使心中有再大的抱负也只能随着生命的消逝而深埋地下。

比如说著名诗人陶渊明，他因不满官场的现状，挂印辞官，不为五斗米折腰，最终导致晚年贫困潦倒，以至于填不饱肚子，靠亲朋好友的周济勉强度日。要知道别人帮他一时不能帮他一世，陶渊明空有一腔抱负和才华，因为不识时务，结果却落得晚景凄凉。

对于陶渊明的骨气，清高，后世也会赞颂他不畏强权的品性，但是谁能真正理解他三日吃不上饭的贫苦呢？也许只有他自己知道。如果他能够懂得屈伸之道，或许就是另一番光景了。

人活着首先就是生存，如果一个人连生命都没有了，那么其他一切都是空谈。俗话说："识时务者为俊杰！"切勿因一时意气用事而作出无谓的牺牲。

女人在社会上打拼很不容易，识时务对于女人来说更加重要。身处社会就要与不同的人打交道。识时务的人更容易生存，有的人能够左右逢源、游刃有余，取得事业和爱情双丰收；而有的人却磕磕绊绊、四处碰壁。在现实中，人们都说容貌是成功的通行证，在面试中，有较好容貌的女人自然是有优先权，但是通过并不是说就可以步步高升。如果一个女人空有一副美丽外表，而不懂得心计的话，要么是太直而被人排挤，要么是抛弃自尊出卖色相。不论是哪一种选择，对于女人来说都是可悲的，也是不明智之举。而有心计的女人则懂得屈伸之道，人在屋檐下懂得低头的道理，但是这并不是毫无原则的退让，有心计的女人懂得如何在不同的人中间周旋，而不伤自身。

所谓做事先做人，做人就要识时务。在不同的地方，你都应该改变自己以尽快适应环境，而不是抱怨环境不适合你。在社会的大环境中，女人如果没有任何优先的权利，就不要说平等，只有当你自己拼出来的成功才能够证明你的能力。一个懂心计的女人，懂得借助他人之力来完成自己的事情。识时务是为了生存和发展，屈只是一时的忍让，伺机而动，等到伸的时候厚积薄发，才能够一鸣惊人。

｛有心计女人要懂得"忍一时"｝

人生不是一帆风顺的，不可能处处如意。在你失意时，要懂得"忍一时"，这是为人处世的原则。人生很复杂，有高峰就有低谷。所以人生在世应该懂得伸屈之道，在事业上受挫了，要懂得"屈"，然后反思自己错在哪里，等找到原因和解决的办法，做好充分的准备，然后再图"伸"，切不可意气用事，因为面对不了失败而采取过激的行动。聪明的女人懂得借助自己的优势，采取"怀柔"政策，这一招往往能起到很大的效果。这并不是女人的屈辱，而是一种心计，要想成功就一定要懂得屈，只有屈才能有伸的机会。

有一家分公司的高管，是从基层提拔上去的，处事非常厉害，但是因为各种复杂的原因，被从分公司的总经理位置撤了下来。当时董事会给他两种选择，第一种是可以留在公司，但是只能从最基层开始，做酒店门童。这是一个很大的挑战，对于曾经一个高高在上的总经理，让他再去给别人开门，这甚至比开除对他的打击更大。但是如果他不同意就只有离开公司。所有人都以为他一定会选择离开，但是他却和所有人想得不一样，他依然选择留了下来。他不但留了下来，并且还保持着良好的心态，从来没有抱怨过，他把门童的工作做得相当出色，每天微笑服务，和大家谈笑风生。

当然,经过他的努力和出色的表现,他又重新回到了管理岗位,并且这次的职位比以前更高,担当的责任更大,但是任何人都相信他一定能够做得更好。

人生是不确定的,也许这一刻你还是身居高官,拿着厚禄,也许下一刻就会被人拉下马,面对生命的大起大落,你能够以平常心对待,能否做到屈伸有度?就像上面例子中的人一样,如果他不懂得屈,而是愤然离开了公司,那么他便不会有后来的成就,更不会身居高位。如果选择离开,也许接下来传出的消息就是,公司其实是为了提升他,所以对他进行的一番考验,那么无疑他没有经受住考验。每一个成功的人都必须能够经受住考验,能屈能伸方显英雄本色,一个只能经受富裕而不能经受困苦的人,是不会有大成就的。

因此,不论做什么事都应该懂得能屈能伸,能上能下。屈,能够守静待时;伸,可以有所作为,把握机会。做一个有心计的女人才能够懂得屈伸有道,才懂得忍一时。俗话说女人要上得厅堂,下得厨房,能够享受锦衣玉食,也能够吃得下粗茶淡饭,这样的女人才能够算得上是一个完美女人。

第四辑 用心打造一段理想的爱情

有位哲人说过:"爱情就像银行里存一笔钱,能欣赏对方的优点,就像补充收入;容忍对方缺点,这是节制支出。所谓永恒的爱,是从红颜爱到白发,从花开爱到花残。"一直以来,爱情都是生活中经久不变的话题,它给这个世界注入了新鲜的血液,让这个世界充满了生机。可是,在爱情面前,女人怎样做,如何做,才能不让自己受伤,才能让婚姻最甜蜜?其中,最好的办法就是在爱情中加入一点"心计"!

良策谋真爱

{讲求方法，把握好时机}

女孩子如果遇到了自己喜欢的人，要学会大胆地追求，而不应该胆怯，那样有可能会让自己遗憾终身。当然，追求爱情也要讲究一定的策略，有心计的女人都深谙此道。她们会显山露水地把自己的魅力展现在心爱的男人面前，然后用策略去赢得心仪男人的心。

嫁个长得英俊潇洒，事业有成，外加温柔体贴的男人是很多女人的愿望。但是这样被称之为"金龟婿"的好男人也不是处处都是，可见女人之间的竞争也是很激烈的。这时候，或许你会因此而气馁：我既没有生在富贵之家身为千金小姐，也没有国色天香的容貌，更没有烫金的学历证书，该拿什么去和别的漂亮女孩竞争呢？如果有这种想法那就错了，追求爱情要讲求一定的策略。只要你能做到胆大心细，在追求"金龟婿"的爱情时掌握一定的方法，那么即使相貌一般，学历不高，一样也有机会获得理想的爱情。

有一个女孩长相非常普通，没有什么特点。后来经过一家婚介公司认识了一位非常优秀的男士。第一次约会时，女孩表现得非常好，而且因为是同行，双方在工作上有很多的心得，于是就聊了很长时间。两人分手时，女孩主动要求交换电话号码，出于礼貌男士答应了。

过了几天，这个男士因为工作要到国外出差，出发之前他给婚介公司打了电话说："这个女孩是不错，但是长相不是很吸引我，你们再帮我留意别的女孩吧！"过了一段时间，男士出差回来了，他没想到的是刚出机场，竟看到拿着鲜花正在等待自己的女孩。女孩见到他，腼腆地一笑说："对不起，我打电话到你家，你妈妈告诉我你今天回来，我就来等你了，你不会不高兴吧？如果你很介意的话，那真是太抱歉了，你可以把我当作是普通朋友！"

男士看着面前的女孩，面容经过精心的修饰，有些意外又有些感动。于是两人便又开始交往了，在以后的日子里，女孩用比较自然的方式慢慢接近男士，男士逐渐觉得和她在一起心情很放松。渐渐地，他觉得女孩变漂亮了，不久之后，两人便踏上了婚姻的红地毯。

作为女人，在追求爱情时，你也一样可以做得很漂亮。不过把握好时机才是最重要的。要是"亮相"不够及时，多半是在白白浪费感情；如果"出镜率"太高，又让他见惯不惊。在什么时候采取主动，就要靠聪明的你随机应变了。

{ 让他在你的情商中被俘 }

在追求爱情的过程中，如果女人经常自卑、不懂宽容、疑神疑鬼，或者妄想把男人改造成你想要的模样，又或者面对失败的恋情不能及时调整情绪而在对方面前失态，那么一般就很难获得梦想中的爱情。

1. 知己知彼

"女人心，海底针"，搞不懂女人心里究竟在想些什么；其实，女人也一样好奇恋爱中男人心里的那个密码究竟该如何打开。如果女人能够掌握"芝麻开门"的咒语，就能很容易地读懂男人的心思，然后出奇制胜，最终赢得这场"战争"。

2. 修炼让他过目难忘的容颜

"以貌取人"这句话说起来好像让人有些反感，但这也的确是一个谁也无法回避的客观存在。当下是一个盛行包装的时代，女人的容貌有时候确实很重要，甚至起着决定性的作用。即便你相貌平平也没关系，只要你懂得得体地装扮自己，照样可以吸引男人的目光。俗话说"没有丑女人，只有懒女人"，经过精心打扮，每个女人都会很漂亮，至少会有很大的机会让他在你面前暂时停下脚步，然后再让其慢慢陶醉在你的内涵之中。

3. 用另类温情将他套牢

当下，很多有个性的女孩子比较招人喜欢。女人们于是都张开了一张张或美丽迷人，或温柔体贴的情网等待着心中的那一位深陷其中。但是，在这些美丽、温柔的情网中，如果你还能再适当添加一些"另类"的因素，比如性感，风情，个性，那么女人的这张网一定会变得更大，更加结实，一旦他被网入其中，一般都很难再"逃"出去。

4. 优雅让他尊重、欣赏你

一个女人可以不美丽，但绝不能没有优雅的气质，优雅的气质带给一个女人的不仅仅是交际场中面子上的容光，而且还关乎女人一生中最重大的一件事，那就是婚姻的选择。如果一个女人足够优雅，足够高贵，那么她便更容易抓住男人那颗"高傲"的心。

5. "巧舌如簧"博得男人的欢心

都说女人是听觉动物，男人是视觉动物。其实，男人也喜欢"甜言蜜语"。天性使女人的声音相对比较温顺，这种声音也更能征服男人的心，因为越有阳刚气魄的男人越会被温柔的声音所吸引。当然，只是富有魅力的声音还是远远不够的，必须要配以"舌绽莲花"的谈吐，这样才能进一步让他沉迷于你的"柔声细语"，才能真正博得他的欢心。

6. 不断修炼内在品位

聪明有心计的女人懂得用智慧的头脑把自己打扮得精致而又品位高尚。她们乐于思考，所以内涵丰富；她们勇敢决断，所以更加自信；"有内涵，有主张"才是她们真正的模样。这样的知性女人才是男人理想的对象，成为知性女人并不是十分难，须要女人不断地增加学识，积极地修炼魅力。

很多女人天生心思比较细密，在对待爱情的时候，也一定要学会发挥出这个特长。充分利用你的细心，多用一些心计，制定出一份详细的策略，赢得梦想中的爱情便不再是难事。

金钱物质不是衡量爱情的唯一标准

{ 都是虚荣心在作怪 }

男人与女人都有虚荣心，但与男人相比的话，女人的虚荣心一般会更加重一些，这也是由女性的天性所决定的。

女人天生爱美，爱打扮。生活中，几个女人一见面，都会相互从头顶打量到脚跟，又是打听对方的服装、饰品、身边物品价钱多少、在哪里买的，有自己满意的东西，恨不得自己马上去买。如果自己囊中羞涩，内心就会失落和难受很长时间。

因为虚荣心作祟，女性天生还喜欢与别人攀比，经常可以在电视上或生活中看到几个女人聚在一起，谈论男朋友或老公给自己送了什么礼物，买了什么样的衣服，然后相互攀比一番……曾在网上看到过这样一个帖子：浮华背后：北京女人的虚荣心，写的是月收入不过1500——2500元的一些北京女性，竟会攒下将近一年的收入去高档专卖店买一个路易·威登挎包，还挎着包去挤公交车，或走路出行上下班。这个帖子足以看出女性的虚荣心有多强……宁可生活苦一点，也不能没了"面子"。

再看看现在的征婚广告，要求男方事业有成，有较好经济基础，这些已经成为很多女孩对未来爱人的最起码要求。如今的女孩都非常现实，生活在现实生活中，有较好的经济能力是不可或缺的，可现实的背后，却不得不说是有内心虚荣心在作祟。在现实的生活中，真正的爱情观念却敌不过体面下的虚荣。如今，很多年轻漂亮的女孩子都愿意找年龄大甚至是离异事业成功的男人，甚至愿意充当第三者和大款的情人，落个破坏了别人家庭的骂名。这多半是因为女性的虚荣心在作怪。

当然，女性有虚荣心并不一定是件坏事，更不可怕，一个正常女性多多少少都会有一些虚荣心，适度的虚荣心可以让人奋发向上，努力去创造生活，所以，虚荣心要有一个度，却不可过分虚荣。

爱美是女性的天性，但花钱也要懂得量入为出，一定要保持勤俭节约的美德，还要有正确的审美观念，努力提高自身气质修养，美丽并不一定都是靠华丽的服饰包装出来的，衣靠人衬，一般的衣服也能衬托出女性的美丽形象与气质，同时又给自己带来好心情。

｛切不可因为"面子"葬送幸福｝

女人在与男人交往或恋爱中，如果理不好虚荣心的问题，就会很容易因过度讲求面子而迷失自己。所以，女人一定要正确对待虚荣心，虚荣心可以成为自身前进的动力，但一定注意不要让虚荣心膨胀，这样很容易让女人付出惨重的代价。

林峰和李璐从小一起长大，可谓是一对青梅竹马的恋人。有一天，林峰牵着李璐的手去逛街。经过一家首饰店门口时，李璐看见了摆在玻璃柜中里的那条心形的金项链。那条项链太漂亮了，李璐一眼便相中了，她心想：我的脖子这么白，如果能配上这条金项链，一定会显得更漂亮。从李璐那依依不舍的眼光中，林峰看出李璐非常喜欢那条项链，但他摸了摸自己的钱包，脸马上就红了，低着头，拉着李璐走开了。几个月以后，李璐的21岁生日到了。

在李璐的生日聚会上，林峰喝了很多酒，然后才把李璐的生日礼物小心翼翼地拿了出来，那正是李璐心仪的那条心形的金项链。李璐看到了这条项链，高兴地当众吻了一下林峰的脸。过了一大会儿，林峰才憋红着脸，搓着手，小声说："宝贝，这、这项链是……铜的……"他的声音小到几乎听不见，但客厅里所有的客人都还是听到了。李璐的脸蓦地涨得通红，把正准备戴到自己那白皙漂亮的脖子上的项链揉成一团，然后随便地放在了牛仔裤的口袋里。"来，喝酒！"李璐故意抬高声音说，一直到聚会结束，李璐再也没有看林峰一眼。

没过多久，一个男人闯进了李璐的生活。那个男人说，他什么也没有，只有钱。当他把闪闪发光的金首饰戴到李璐身上时，也俘虏了李璐那颗爱慕虚荣的心，李璐突然间觉得自己的生活完全改变了。

李璐和那个男人很快便在外面租了一间房子同居了。刚开始的日子，男人对李璐百依百顺，李璐暗暗庆幸自己在林峰和男人之间的选择，面对现实生活，她认为自己是明智的。对于李璐来说，那好像是一段幸福的日子。

但是好景不长，很快，李璐发现自己怀孕了，正当她想把这个消息告诉对方时，那个男人却莫名其妙地失踪了。当房东再一次来催她交房租时，李璐不得不走进了当铺，她把自己所有的金首饰都摆在了柜台上。当铺老板眯着眼睛看了一眼说：“你拿这么多镀金首饰来做什么呀？”听到这话，李璐一下子愣住了。

突然，老板的眼睛一亮，扒开那一堆首饰，把压在最下面的那条项链拿了出来说：“嗯，这倒是一条真金项链，还值一点钱。”李璐一看，这不正是林峰送她的那条假金项链吗？当铺老板把玩着那条心形的项链问：“喂，你打算当多少钱？”那一刻，李璐的脑子里一片空白，当她回过神来时，一把夺过那条项链就走了……

恋爱的时候，很多女人总是希望男人对她好，却往往忽略了对男人品质素养的了解。她们总是要求男人去满足她的虚荣心，如果不能满足她就认为是不爱她，随着虚荣心的满足，也慢慢地丧失正确的恋爱态度和原则，结果就是把好男人逼走，而给坏男人以可乘之机。一些坏男人随便说了一些花言巧语，她们就招架不住了。她们把一点点的恩惠看成是"爱"，甚至把虚荣心的满足看成一种交换而以身相许，最终后悔莫及。现实生活中这样的例子几乎是数不胜数。

女人找到一个对自己好的男人才是最明智的选择。嫁个有钱的男人固然好，但也要以男人真心爱你为前提，凡事都存在两面性，有得必有失，重要的是要把握好自己，感情婚姻稳定是一切的基础，过于注重外在，为满足虚荣心而超出自己的能力范围，就是得不偿失了，必然会走向负面，最终为此付出代价。

在爱情及婚姻的选择上，如果把金钱物质作为标准，是不可能得到真正爱情的。

适当的距离和空间让爱更长久

｛保持一点神秘感｝

女人要懂得在男人面前保持一点神秘感，不要将自己的一切都毫不保留地袒露给他看，一个人吃得太饱是会厌食的。一定要给对方保有一点神秘感，让男人对你有尚不明白、搞不清楚的部分，这样你对他才会更有吸引力。

两个人刚认识不久，他们一定会非常迫切地希望知道对方的事情，对方一旦了解你的全部，对你的兴趣也通常会随之冷却，因此，要使男人对你有新鲜感并使他对你持续有兴趣，一定要在他面前有一点神秘感。

李涛应朋友的邀请去参加一个俱乐部的活动，在大家谈到男人都喜欢什么样子的女人时，一个很有派头的中年老板冷不丁地扔出了六个字："藏得住，摸不透。"他的话顿时引来了阵阵掌声。李涛认为这个老板的六字箴言在一定程度上反映出了一种异性相吸的法则：女人要想长久地吸引男人，既不是靠惊人的美貌，也不是靠温顺的性格和不凡的才气，而是一种女人身上特殊的味道，一种不一样的气质，一种与众不同的交际手腕，一种齿颊留香的品位。总结说来，那就是"三不"——深藏不露、飘忽不定、捉摸不透。这样的"三不女人"，最招男人喜欢的，让男人勾魂摄魄，也是最让男人牵肠挂肚的。

罗依是她所在单位里公认的大美女，她身材高挑，皮肤白皙。可是，来单位不到两年，她就把自己的魅力释放完了。特别是结婚后，她对自己的穿着打扮慢慢变得不太在乎了，现在周围人对她的评价是："以前还是个美女，现在呀……啧啧"。一天，罗依的同事小赵说，"最有吸引力的女人应该是日新月异，常常更换新面孔，能够时常有新风格，给人不一样的感觉，让人觉得她永远有更好的风景在后头，而不是一开始展现了最好的形象，后来就靠着这个形象吃一辈子，每况愈下，别人很快就会审美疲劳的。"

小赵还说："持久的魅力除了外表的包装，还需要丰富内涵，人格魅力＋外形魅力＝无敌杀手。出得厅堂，下得厨房，落落大方，贤惠体贴的女人才是最招男人爱的。"最后，他还谈到了女人应该保持神秘感和高贵气质。

所谓女人的神秘感，就是让人觉得你总有更好的风景在后头，总是对你饶有兴趣，对神秘的你总保持一种好奇心。如果你一开始就把一切和盘托出，那你这个人就没什么神秘感可言了，对方对你也没什么好期待的了。

很多不幸福的婚姻和恋爱，都是因为双方一旦进入状态，就开始要求对方什么都要向自己开放，坦白，不允许对方有一点点隐私。这样一来，双方也就不再有神秘感了，没有了神秘感，双方的吸引力就逐渐下降。很多女人都说，为什么男人一旦拥有了自己，就不像以前那样爱自己了？那就是因为你不再神秘，他没有想探寻你的愿望了。所以他就要开发新的神秘目标了。所以，作为女人，想要让对方更爱你，就要学会在他面前保持神秘感。

｛如何保持神秘感｝

恋爱的时候，女人也应当在对方面前保持神秘感。这就要求女人做到以下几点：

1. 不要给对方说太多关于自己的事情。如果从自己出生到现在的一切，你都对他说得一清二楚，那你对他就没有一点神秘感可言了，因此，若提到自己的事情，也要注意不说某一时期或某些话题，给他留一点想象余地。

2. 绝对不让他送你到家门口。双方约会后，通常男方会送女方回家。这时候，你可以指定他送你到哪个车站或巷口，并且一定不对其说明原因，这种做法能造成一些神秘感。在经过一段时间后，你可以找一个借口向他解释。

3. 试着编造几件自己讨厌做的事情。要是你有某个特别的癖好，如绝对不去哪个地方，绝对不逛某条街道，并且不给对方明确的解释，这样也会让对方觉得你比较神秘，搞不清楚你是怎么回事。这种特别的癖好，可以编造，但要注意要不伤大雅，事后也可稍做解释。

4. 总是在某个时间、某一地点道别。这样也可以给对方造成神秘感，比如晚上约会时，无论你们两人玩得多么开心，只要一到晚上9点，你就说自己该回家了。如此连续不断，对方也会感到莫名其妙。

男人都喜欢有神秘感的女人，男人也都希望女人是一本永远读不倦的书。婚后的女人仍然应该对丈夫继续保持神秘感。

　　首先，不要因为爱对方，就过度限制对方。给他空间的同时，你才能拥有自己保持神秘的空间。

　　其次，要注意自己的外表形象，言谈举止。要爱惜自己，自己漂亮，不但男人喜欢，自己也有自信。所以，女人一定要让自己保持美丽。很多结过婚的女人，她们不再打扮自己，特别是生了孩子的女人，有的邋遢到一塌糊涂，任由身材"横向发展"，这样其实是对自己的不负责。

　　再次，平时要要注意锻炼，化适当的淡妆，穿合体的衣服。有句话说：现在不是要自然美，而是要美得自然。一个穿着睡裤满街走的女人，她的老公能不想别的那些穿着暴露的女人吗？身材发胖，通过锻炼是绝对可以瘦下来的。所以不要给自己找理由，说什么没有钱，没有时间。

　　最后要记住的是不要查老公的手机。如果老公的手机响了，你最好是叫他亲自接电话，千万别帮他接。除非他让你帮他接，如果是这样，你也要礼貌地和对方说，老公现在不方便接电话，您是愿意留言还是一会儿打过来。不管对方是男是女，你都应该这样对待。自己要办什么事情，如果和老公没有关系，你也不要事事都对他说，自己直接去做就是了。只有保持这些神秘感，他才说，"我和你结婚这么多年，总是搞不懂你，你的各种想法都是从哪里来的呢？"这时，你不妨开个玩笑说，"搞不懂，就别猜了。你就对我继续钻研吧。就是别太累着了。"按照以上这些要求去做，不管你是在恋爱中的女人还是婚后的老婆，你都会收获幸福的。

做会撒娇的小女人

{ 会撒娇的女人更美 }

女人可以不是很漂亮，但一定要懂得撒娇，女人握着一双小粉拳在男人胸口上轻打着说：我恨你！这个时候，男人不仅不会生气，还会眉开眼笑地把你搂在怀里哄着你说：好了、好了，宝贝，别生气了，都是我不好。女人这个时候可以装作小鸟依人状地伏在他宽敞的胸膛里了。这样的情景常常被人们称为是打情骂俏，这也是小情侣之间、夫妻之间经常会发生的事情。

会适时撒娇的女人，不仅能够从中得到乐趣，还能得到男人更多的爱。因为男人的本性决定了他们不但爱红颜，也爱娇人。撒娇能让女人显得更加妩媚，更加暧昧一些，如娇羞带水的花朵。南唐后主李煜的词"一斛珠"和"菩萨蛮"中，曾描述过动人的撒娇："绣床斜凭娇无那。烂嚼红茸，笑向檀郎唾。""画堂南畔见，一向偎人颤。奴为出来难，教君恣意怜。"这一娇，让多少男儿为之沉醉，揉碎了多少男人的铁胆豪情？会撒娇的女人可以美到刺透男人的每一寸肌肤！每一根神经！

会撒娇的女人最美，她可以造就出成功的男人。社会上不少成功男人，在他们的背后总是会有个这样一个懂得撒娇又懂得激励男人的美丽女人。相反的是，很多失败的男人，背后总是有个不懂事又不懂撒娇的女人，一遇到男人陷入低潮或压力过大时，她们不但不安慰他们，还拼命骂他们或大吵大闹，难怪男人在这种内外交迫的情况下，立志结束这段不人性的关系。

一位著名的哲学家告诉男人："只要懂得称赞老婆的旧衣漂亮，她就不会吵着要买新衣。吻一下妻子的眼睛，她就会变成盲人。吻一下她的嘴唇，她就会变成哑巴。"其实男人也一样，只要女人懂得适时、适当撒娇，男人也一样会很"温顺"。天下女人都不愿做愚蠢的女人，只要你懂得称赞老公的才干，他就会更卖力地为你工作。撒娇地抱他一下，他就不会生气动粗。吻一下他的嘴巴，他就不口出恶言。家里不是立法院，不用长篇大论讲道理，更不需要争得面红耳赤，只要女人懂得撒娇和体贴，就能享受家庭幸福。聪明会撒娇的女人，老公不喜欢才怪呢。

{用撒娇来制服他们}

现实生活中，很多男人多半像个孩子，他们爱撒野。作为女人，如何来制服他们的这种"野"性呢？其实，上天已经给了女人一个法宝，那就是用撒娇来制服他们！慢慢地你就会发现，其实男人是非常容易搞定的！对男人，除了哄、骗之外，还要特别会撒娇！一旦撒到他的死穴，也就是打中了男人心坎里的弱点，这时，就算你要男人去死，他们也会带着微笑和满足的表情从容就义。

爱撒娇、会撒娇的女人是幸福的。当男人在外奔波工作了一天，回家最想看到的就是妻子温馨甜蜜的微笑服务！"老公，你累了吧，来，我帮你敲敲背""老公，你总是在外面吃饭也不回家陪我""老公，我做的菜好吃吗？""老公，亲我一下。""老公，我帮你把洗澡水放好了，一会来洗个热水澡解解乏……"作为女人，你这样一撒娇，保准没有一个男人能吃得消，想在外面吃饭的则赶紧回家陪娇妻，如果真的有特殊情况，实在得在外面吃饭，他也会尽量早点赶回家陪你。

还有，当男人生气的时候，你撒娇地抱一下他，男人就绝对不会对你动粗。男人年轻时，选老婆或选女友，第一都是看身材和脸蛋，人品性格和脾气通通不管；到了中年时，他们才会发现：原来，女人的美，不在外表，而在具有包容心和好脾气的个性，尤其是会撒娇的女人，更是让男人喜欢。

会撒娇的女人才是聪明的女人，也会是幸福的女人。日常生活中，如果你稍做留意，你就会察觉到这样一种现象，一位长得既帅又酷的帅哥，可他手里挽着的那位女人却是姿色平庸，没什么惊艳之处！可是如果你仔细观察一下，就不难知道答案了！那位女子就是利用了撒娇这一有力武器，使心目中的他乖乖投降，女人们都知道男人其实是最好哄的，你对他好一点，温柔一点，像疼孩子一样地保护他，就算他当时不被感动，时间长了他也一定会动情的！他的眼睛会开始从对你外表的注意力而慢慢转移到你内在上的美！所以这时的他也会错误地认为，你就是那个最美的女孩子！男人自然会把他的爱毫不保留地给你。

温柔是爱的艺术，也是爱的力量

{不要把"强"带进感情生活}

无论是男人还是女人，在社会生存环境的种种压力下，都希望有个知心贴意的人与自己走到一起，共建一个爱与被爱的港湾。男人要为事业打拼，已经够苦的了，如果真遇到了人生伴侣，懂得爱他，懂得温柔，那才是他一生真正的幸福所在。

从古到今，文人才子都曾经议论过女人的温柔，男人的刚强；有多少人真正地理解和善用这小小的温柔二字呢？

女人的温柔不仅仅是一种美，也是一种境界，它能折射出一个人的品质修养、兴趣情调。对于女人来说，懂得怎么去生活的女人，就是一个懂得如何去征服男人的女人。女人的温柔要比美丽更可爱，因为美丽会随着时间的逝去而失去；而温柔可以永驻。而对男人来说，温柔能够让女人知道，男人并不是任何时候都是强大的，也有软弱的时候，也需要呵护，只是有话藏在内心没有表达出来而已。这些，只有细心、聪明的女人才会有所体会。

作为女人，一定要有女人味，而女人味就体现在柔情上。女人的柔情就像一根绳，她可以拴住像骏马一样的男人。一个好女人必然是柔情似水，温柔待人。即便是"女强人"，也只该把"强"体现在事业上，而不该把"强"带进生活。

曾经有一位女子，她很爱慕一位事业成功的男士，为了能够在各方面配上他，得到男士的注意和爱，该女子付出了很大的努力，最后，她的学识，她办事的雷厉风行，都令人刮目相看。于是她开始主动和那位男士约会，每次与他约会，她都能在他的学术方面滔滔不绝。然而，那男士后来娶的，却是另一位默默无闻的姑娘。女子百思不得其解，自己哪方面都比那姑娘强。最后，前女子不耻下问后一姑娘："他到底爱你什么？"那姑娘说，那位男士很爱吃她亲手烧的红焖牛肉。姑娘的回答令女子感到非常意外。细细思索，她也明白了许多……

由此可以看出，能干的女人，并不是男人的所要与所爱。生活中，更多男人要找的是柔情似水的贤妻，而不是工作上的出色助手。

温柔是做人的智慧，也是做人的美德；温柔是爱的艺术，也是爱的力量。

{ 选择如水一般的柔情 }

常言道："英雄难过美人关"，但是让男人沉迷于其中的这个"美"字却不仅仅是女人的"貌若天仙"，女人与生俱来的柔情似水更是对这个"美"字的更好诠释。水的柔软是无以复加的，同时它的柔韧也是无坚不摧的。做一个似水般充满柔情的女人，一定会让他在你的温柔漩涡中沦陷越深。

世纪之初的女人，不再一味全黑、灰的调子，也不再冷冷地玩"酷"，而是选择了如水一般的柔情。

琳的先生是一位私营企业老总，事业可谓相当成功，结婚将近十年了，他们有一个六岁的女儿，非常乖巧。老公跟其他成功的男士一样，工作上非常忙，经常有忙不完的应酬。刚进入每天等他回家的生活，琳非常的不习惯，在等待中，自己的胡思乱想简直要让琳崩溃；在对他唠唠叨叨的数落声中，琳感觉到了老公看她的眼神开始一天天变得陌生。莫名其妙地，琳的内心开始有了一丝丝绝望，不过，对于琳这样一个有思想、有主见的聪明女人来说，绝对不会这样"坐以待毙"，任其自由发展的。

琳经过几天的思索，决定彻底改变"战略"，她开始变得温柔了。平时，只要老公有正当的理由不回来吃饭，琳都表示理解。而且改掉了以前一过九点就打电话催他回家的习惯，而是改为："要开车，少喝点酒，我等你回来！"第一次听到琳这样温情的电话提醒，他甚至有点受宠若惊，那天，他一陪客户吃完饭就立马回家了。也就在那天晚上，夫妻两人靠在一起足足说了半个晚上的情话。琳本就是个在情感方面颇有"天赋"的人，所谓"情商"很高，为了那晚的谈话，琳其实花了好几天时间，她搜罗了几"箩筐"的甜言蜜语。从他们的初次相识说到结婚生子，从他们的定情信物说到结婚七周年纪念日的度假，从他们认识以来琳对他的仰慕到爱恋再到前段时间的抱怨以及现在的依恋，她的话说得温婉动人……

在男人心目中，温柔是好女人不可或缺的一种品质。男人最喜欢女人的温柔，女人最能打动人的也就是温柔。当然，这种温柔绝不是矫揉造作，也不是像林黛玉那样的弱质纤纤。温柔而不造作的女人，知冷知热，知轻知重，和她在一起，一些内心的不愉快也会烟消云散，这样的女人才是最能打动人心的。

女人应该有能力引导生活，给婚姻生活注入柔情。这样，柴米油盐的婚姻生活才会更有乐趣。生活中，一个真正优秀的女性具有净化环境的能力。只要她在，粗野的男人就会变得高雅，小气的男人变得大方，怯弱的男人变得勇敢。这种能力，就是因为女人不但具有女性的柔情，还有能力把柔情注入生活中。

给自己披上一层朦胧的面纱

{让矜持为你的美加分}

女人的矜持是一种美,它是集含蓄、羞涩、朦胧于一体,是披在女人身上的一件华美典雅的丝绒披肩,也是遮盖在女人面前的一层朦胧面纱。矜持可以烘托反衬出女人的娇羞与妩媚,但它绝对不是故作姿态地矫揉造作,也不是了无风趣的刻板拘谨,更不是古板僵硬的冷眉横指;而是一种形态、态度、气度,是由内而外浑然天成的一种韵味。矜持,是一种若有所思的慢一拍,一种小心翼翼的自我珍重。

一个懂得矜持的女人,必然有着理性的睿智。一般情况下,她不会跟着感觉走。面对诱惑,她会显得淡定自若,镇定从容,可以做到不卑不亢,退进自如。面对错误时,她会含蓄而巧妙地告诉你错了,也许只是一个眼神,也许只是一个不经意的动作,但绝对不会是直白地斥责或埋怨。

一个懂得矜持的女人,必定是有智慧的女人。她不会狭隘,她不会因为小事斤斤计较,因为她深深懂得"万绿丛中一点红,动人春色不须多"的规则,以少胜多是她所具有的智慧;面对冲突,也许她只需凭着一举一动,一言一语,一颦一笑之优势,即可化干戈为玉帛。

一个懂得矜持的女人,也必然是一个懂得自尊、自重、自爱与自强的女人,她不会过多地去打搅别人。她懂得拿捏处世的分寸,无论是言谈聊天、行动举止,都会显得恰到好处,让人如沐春风。她洁身自好、端庄稳重,但却不会给人一种冷漠的感觉,她羞涩而含蓄,有着"出淤泥而不染,濯清涟而不妖"的高洁和纯净。但又不似中规中矩、一本正经的良家妇女,让人觉得呆板枯燥。相反,她于"巧笑倩兮,美目盼兮"中让人体悟到的却是一个有血有肉、有情有义、善解人意、至情至性的性情中人。

矜持,可以让女人更加美丽,因为,矜持的美就在于它的含蓄与朦胧间,在于它的方寸有余间，在于它的进退自如间。

{让矜持成为爱情持久的保鲜剂}

男人们也有虚荣心，对于他们来说，主动送上门来的猎物，即便是闭月羞花，也远不如他踏破铁鞋追来的宝贵。轻易得来的东西人们往往都不懂得珍惜。因为在追求女人的过程中，男人有无限幸福的遐想和渴望，所以男人在追的过程中从来不畏惧什么艰难险阻，他们可以死缠烂打、软磨硬泡、锲而不舍，运用各种计谋和手段以期达到自己的目的。但是男人本性中又有着一种狩猎的心态，那就是得到了一种东西之后往往就难以再珍惜。男人在得到的同时，也是他厌倦开始的时候。因为对于男人来说，得到一个女人就意味着他一场征服的结束，而在征服的过程里由于付出了太多的心思和精力，所以一旦目的达到，紧张的神经马上会松懈下来，就会进入一种审美疲劳期，因而对于得到的女人也就慢慢没有了新鲜感。特别当感觉到自己所征服的对象也不过如此而已的时候，他就更不能珍惜自己的辛劳所得了。男人对待女人的态度其实就是一个猎人对待猎物的态度——如果他得不到你，就一辈子都会记着你的好，一辈子都觉得是一种遗憾……

对于费力得来的尚且是如此，轻易得来的自然就更不会懂得珍惜了。男人重性，女人重情；男人理性，女人感性。这是两性的差异所在。当男人觉得一个女人对他失去新鲜感和吸引力以后，他会冷淡对之，甚至离开。此时女人任何的哭泣哀求或以死相逼，都非但无济于事，反而会让他逃得更快。男人对待自己的好色就如律师对待罪犯一样，明知有罪却还是要为之辩护。

因此，女人想要抓住男人的心，就要先控制住他的心；想要控制住男人的心，那就请先赢得他对你发自内心的尊重。而与他保持住若即若离的距离是为上策，让他雾里看花、求而不得。再给男人一些不大不小的阻力，让他总有着一份渴望，一份想要彻底了解你征服你的渴望。情人眼里出西施，就是因为当一个男人为一个女人着迷时，不管她是否真的拥有沉鱼落雁的美貌，在他眼里，她都一样可以和闭月羞花相媲美。于是，就会产生这样一个连环怪圈，男人见缝插针费尽心机地追女人，女人越是左躲右闪，男人就越觉得这女人神秘，越想解开其中之奥秘，而对女人也越发地尊重与呵护。这才是真正地会爱和懂爱的人所要经历和做的，因为男人与女人之间的情爱本身就是一场智慧的战争，婚姻更是一场持久战。

欲擒故纵是兵法中出奇制胜的绝招，在男女情爱之中，此招同样有妙趣横生之效。因为，矜持的女人虽然从来不会主动，但是她那如同精灵一样的躲躲闪闪，鱼儿一般的稍纵即逝，却令男人觉得她总在用最高明的手段挑逗着自己，这些都刺激着男人的全部感官，让他始终对女人保持着一种高度的进攻状态，也让他的热情就像洪峰过境，一浪高过一浪。所以，有心计的女人通常懂得运用矜持。

有心计的女人，她们懂得暧昧的矜持，并不是不解风情的冷傲，而是犹抱琵琶半遮面的朦胧，要知道，女人那敛首低眉时的娇羞神态，朱唇轻启时的吐气如兰，浅笑盈盈时的顾盼流连，明眸映蝶里的矜持羞涩，言谈之间的欲语还羞，迎合之间的躲闪含蓄，欲拒还迎的半推半就，躲躲闪闪的目光游离，这一切都真真吊足了男人的胃口，让男人为之痴迷到疯狂！

处于恋爱及婚姻中的女人们，除非你是像玛丽莲·梦露那样性感到被人称为"原罪女人"的女人，可以轻易诱发男人的原始冲动，并且让他一生都会乐此不疲。否则，就请你把握住一份矜持，让矜持为你增添一份朦胧与神秘的美，让矜持为你的魅力加分，让矜持为你的爱情保鲜！

信任是感情的基石

{ 别因误会而停止相爱 }

即将走进婚姻的男女双方,在考虑是否要和对方共结连理的时候,除了考虑约定俗成的条件以外,信任这个因素是必不可少的。信任其实是一个古老而又历久弥新的话题,对于信任可以简单地下个定义:"信任是放弃对他人的监督,因为能预料到他人具有相关的处事能力、高尚的品德和良好的意图。"在现实生活中,信任是不可少的。只要有人际交往的地方,必须会有、也需要有信任的存在,否则,任何方式的交往都会以失败而告终,也都是没有意义的。职场中,同事之间需要信任,上下级之间需要信任;生意场中,客户与客户之间的信任更显得重要;生活中,亲朋好友,尤其是夫妻之间,信任是绝对不能缺少的。

现实生活中,很多对夫妻离异或者彼此沟通不良、家庭矛盾、婚外恋等,大都是由于缺乏信任以致互相猜疑造成的。其中以女性居多。有时候,女人想象的那些事情只是她们想象的而已。有时候,有些事只是偶然或者是巧合,但它却导致了家庭悲剧的发生。

李枫的丈夫杨刚是一个事业相当成功的小老板。结婚之前,李枫曾有份稳定的工作,但是丈夫生意慢慢做大了,为了照顾好家庭,李枫便辞去了自己的工作,变成了一位"全职太太"。

老公生意上比较忙,他几乎每天晚上都要出去应酬,而且很晚才回来,一回到家也不洗漱一下就上床"呼呼"大睡,有时李枫也想与丈夫亲热一下,但是丈夫常常以疲倦为由拒绝她,即使有时在一起,丈夫也是草草了事,像是在应付差事一样。一次两次倒也罢了,这样的次数多了,李枫便开始怀疑丈夫有了外遇。有一次,杨刚从外地出差回来,等待了丈夫很久的李枫非常希望得到丈夫的爱抚,但是那天夜里杨刚还是以坐车累为由拒绝了她,她哭哭啼啼地指责杨刚有了外遇,可是杨刚非但不解释,竟然从床上爬起来摔门而去,并且一夜未归。丈夫的举动让李枫更是坚信了自己的推断。

后来,李枫暗中雇人对杨刚进行跟踪调查,发现杨刚没有外遇,对丈夫的猜疑纯属子虚乌有。杨刚知道了这些事情之后,他怎么都无法理解妻子跟踪自己,最终向李枫提出了离婚。一个原本很幸福的家庭就这样没有了。

现实生活中,还有许许多多类似的情况。一些社会学家认为,这种不信任配偶的无端猜疑,正逐渐成为危害家庭和谐的一大因素。女人们这种因担心而猜疑的心态,非但对稳定自己的婚姻无助,反而有相当大的害处。为什么会这样说呢?一方面,猜疑会让女人寝食难安,久而久之,必然导致花容失色;另一方面,猜疑也会让丈夫烦恼以至反感,长此下去,必然会使原本和睦的夫妻关系出现裂缝,甚至破裂。

很多恋人、夫妻间感情的破裂就是因为彼此之间不信任。爱情其实没有什么道理可言,也不是旁人可以理解的。恋人们自有自己的一套公式,知道爱有多深,知道思念有多长。只可惜,他们不知道,猜疑的背后暗藏着的是一把利刃,不知道所有的不信任都会在心中累积,直到有一天,真心被利刃砍伤,爱情也就被驱逐出了境。

其实,恋人、夫妻间最大的遗憾,是因误会而停止相爱,在你眼里不再有我,就如同《傲慢与偏见》的故事,虽然彼此相爱,但是在对方眼里却看不见自己。对于女人来说,爱他就相信他吧,相信他对你的爱是诚挚的,相信他的心是属于你的,相信他做的事是正确的,相信他说的话是真实的。无论是怎样的爱,我们都应该切记,如果你爱他,就要学会给对方空间,就要相信他的所有,用自己的信任去赢得对方的心,自己才能拥有真正的幸福。

{ 爱他,就要相信他 }

夫妻间的不信任大多表现在双方的相互猜疑,一旦其中一方有了猜疑之心,夫妻间的感情也就开始表现得紧张起来。可以说是草木皆兵,如临大敌,甚至开始对对方的人格持怀疑的态度。不再相信对方的感情,以至风言风语、飞短流长乘虚而入,出轨、外遇都以对方不信任自己而找借口。长此以往,夫妻之间的裂痕和隔膜就会越积越深厚,其实这一切都源于信任感的渐失,这样的婚姻,用一个字来形容，就是"累！"当信任感彻底丧失的时候，婚姻就如同一根紧绷的弦，早晚会断的，最终两个人只能各奔东西。

一直以来，有很多形容婚姻的词汇，如"婚姻是甜蜜的港湾"，"婚姻是爱情的坟墓"，"婚姻是爱情的升华"等等，这些词汇都是婚姻的一个侧面的浓缩。每个人对自己幸福的期望值都很高，也都想拥有美满幸福的婚姻，最好的办法就是将信任作为美满婚姻的基石，事实上，信任也确实是幸福婚姻的基石。

两个人从相识、相知到相恋，是因为爱才走到了一起，是因为决定想要共度此生才走到了一起。既然彼此选择了对方，那么就应该相信对方，要知道美满的婚姻一定是建立在信任之上的。夫妻之间，信任是维系夫妻感情的纽带，彼此以心换心，彼此尊重对方，相信对方的人格，宽容对方的缺点，把对方的命运真正与你的命运相结合。一旦得到对方的信任，就一定要加倍珍惜，并真正做到自重自爱，让对方放心，自觉地把对方的信任当成约束和责任。完全信任对方，只有这样，家庭才能实现稳定，才能保持夫妻感情的历久弥新，达到彼此相敬如宾，沟通无极限的高境界。

爱他就要信任他，伟人拜伦曾经说过一句话："爱情是男人生命的一部分，却是女人生命的全部。"这从另一个侧面说明男人和女人对爱情的态度，如果婚姻中的男女都理解这一点，学会换位思考，对对方能够多一些信任，多给对方一些空间，懂得给对方空间就等于给自己自由，给予别人信任就等于自信和豁达，一定能够保护好自己的婚姻。

学会了信任，也就学会了如何去爱，如何呵护婚姻。信任是婚姻的基石，特别是在现如今这个充满诱惑的社会，信任他就等于信任自己，给他空间就等于让自己心灵放松，给自己幸福感。

第五辑 良好的夫妻关系离不开女人的用心

在这个世界上,比父亲更疼你,更爱你的另外一个男人就是你的丈夫了。可是,如何才能让丈夫更爱你、更疼你呢?不妨来看一下聪明女人的做法。一个聪明的女人,不仅明白"爱美之心人皆有之"的道理,特别在意自己的"美颜护肤";而且还深知"羞耻之心人皆有之"的道理,尤其注意自己的"美言护夫"。学会"护夫",懂得"护夫",才能搞好小家庭的建设,才能让夫妻生活和和美美。

适当地给对方一个独立空间

｛不把干涉当成爱｝

"十年修得同船渡，百年修得共枕眠"，正因为珍惜这百年的缘分，所以有很多人喜欢过多地干涉对方，尤其是女性，她们总是试图控制丈夫的经济，更有甚者偷偷查看丈夫的手机和账户，她们认为这种行为是出于对丈夫的爱，可是女人不知道，她们越是这样爱丈夫，越会得到丈夫的厌烦。

爱情就像是放风筝。聪明的女人会把握好风筝线的高低，但是那些没有心计的女人只会死死地抓住手中的线不放松，她们傻傻地以为这样就可以留住身边的那个男人。其实她们错了，线拉得越紧，风筝就越想挣脱。

郑洪和吕洁相遇在那个飘雪的冬季，那时他们还在上大学，吕洁是个善解人意的女孩子，从不干涉郑洪的生活，两个人虽然爱得很平淡，但是郑洪还是很疼吕洁，两个人的结合被同学们称为是"金童玉女"。大学毕业后，两个人步入了婚姻的殿堂，像其他年轻夫妇一样，他们过上了甜蜜的小日子。新婚不久，郑洪就因工作问题去了北京。在郑洪去北京的那段日子，吕洁整天心神不安，她总是怕郑洪在外面时间长了容易变心。于是，吕洁就整天神经兮兮地打电话问郑洪："洪，你现在在哪儿呢？跟谁在一起呢？"郑洪刚开始还一一作答，后来时间一长，郑洪就懒得回答了。吕洁就像是失了魂，整天都给郑洪打电话，而且问的话一次比一次过分。有一次，吕洁又打电话问郑洪在干什么，郑洪就是不吭声，吕洁就又开始胡思乱想，为了吓吓郑洪，吕洁提出了离婚，而郑洪毫不犹豫地答应了。就这样，郑洪果断地放弃了这段原本美好的婚姻。

在爱情的世界里，男人就是女人手中的风筝，每个女人都希望男人飞黄腾达，但是却迟迟不肯放风筝高飞，因此事情的结局往往总是那么的不随人愿。

所以说，无论是恋爱中的情侣也好，围城中的夫妇也罢，女人都要有心计，不要把干涉当成是爱，只有放松手中的线才能赢得最好的爱情和婚姻。

{ 给他足够的空间 }

爱情是自私的，每个人都想完完整整地拥有对方，但是这种拥有只能是一种爱的奢求。无论爱情还是婚姻，每个人都需要属于自己的空间，不要试图跨越界限，因为每个人都有自己的隐私。即便是两个人很相爱，也应该有个人的私人空间。

爱一个人就是要对方幸福、快乐，你不需要知道他在干什么，也不需要24小时对他实时监控，这样的爱很简单，也正是每个男人所期盼的爱情和婚姻。正如有心计的女人，她们不会整天猜忌男人，也不会把男人据为己有，她们会给男人足够的空间，这样男人才会越来越爱她。

萧湘和王启东结婚已有20年之久，感情一直很好，儿子也很懂事，这一家子的生活其乐融融。由于儿子是学计算机的，萧湘和丈夫决定给儿子买台电脑，为此丈夫和儿子忙得不亦乐乎，萧湘看到这样的情景脸上也露出了幸福笑容，她觉得这就是守了半辈子的幸福。电脑买回来后，儿子一定要拉着王启东玩游戏，慢慢地王启东也成了21世纪的新新人类，他申请了QQ，整天都泡在电脑前聊天。萧湘知道丈夫在干什么，但是并没有阻拦，因为她相信王启东，儿子说："妈，你看我爸，都成老网虫了！"萧湘只是笑笑。有一天，王启东说要去外地出差，萧湘没有多问，其实她知道丈夫是去见网友，但是她依然相信丈夫会回头的。没过多久萧湘就接到了丈夫的电话，得知丈夫被骗的消息后，萧湘并没有大吵大闹，只是温柔地对着电话说了一句："启东，玩腻了，回家吧！我永远等着你！"王启东在电话的那一头早已泣不成声。就这样，萧湘婉转地维护了自己的婚姻。

夫妻双方都应该有自己独立的小空间，面对男人种种行为，女人不作声并不是懦弱，只是她们相信丈夫这个风筝在天空飞的久了，始终会累的，与其神神道道，天天背后监督加啰唆，不如给他一点空间，让他自由飞翔。

爱是建立在信任的基础上，聪明的女人不会整天神经兮兮，也不会刻意地去查看丈夫的皮包和手机，她们总是有"天高任鸟飞"的豁达胸怀。适当地给对方一定的私人空间，但是一定要把握好"度"。这样，你就会得到"曾经沧海难为水，除却巫山不是云"的美满爱情。

识大体的女人更幸福

{做一个大气的女人}

在人们的观念中,只有男人才应该大气,说话啰里啰唆、不大方的男人往往都得不到别人的赏识,而女人只要长得好看就会讨人喜爱。事实上并不是这样的,现在的男人一般都喜欢大气的女人,虽然这样的女人大大咧咧,但是她们不会成为爱情的"钳子"——死死地钳着自己不放,与大气的女人在一起,男人更不用担心女人会因为一件小事就喋喋不休。大气的女人即便是相貌平平,在男人的眼里也是可爱的。

婚后,聪明的女人都会适当地收敛自己,尽量做一个大气美人,不在小事上斤斤计较,让丈夫看到自己的知性美。大气的女人都比较识大体,她们总是拥有一份自信和一种淡定,在婚姻上,她们永远是胜利者。

张楠遇到鲁燕是在同学的婚礼上,当时鲁燕正在看身边的幸福树,她那一低头的温柔,使张楠为之倾倒。婚宴上,张楠无暇顾及他人,他的眼里只有鲁燕,看着她放声大笑的样子,张楠觉得这就是自己心中的公主……

鲁燕是那种豪爽的女人,她跟谁都聊得来,当然张楠也包含在内,很快两个人就陷入了爱河。没过多久,两人就步入了婚姻的殿堂。婚后,不论张楠多晚回来,鲁燕只会问一句:"亲爱的,今天累不累啊,要不要我给你来个九阴白骨爪?"张楠总是会摸摸鲁燕的头说:"燕子,你真是我的乖公主。"日子就这样一天天地过去,有一天张楠彻夜未归,鲁燕很是着急,她不断地打电话,但是张楠的手机一直关机。第二天一大早,张楠回家了,看到鲁燕只身睡在电话旁,心里好生心疼,而鲁燕知道张楠回来了,因为她一夜没睡,只是怕张楠担心才躺下的。不论张楠昨晚在哪,鲁燕都没有问,只是紧紧地抱着丈夫,她觉得一个宽容的拥抱,就足以把丈夫的心唤回来,张楠紧紧地抱着鲁燕说:"燕子,我的好燕子,以后我绝不再把你一个人留在家里了。"鲁燕只是柔情似水地说了一句:"老公,我爱你!"

没有争吵，没有猜忌，没有纠缠不休，这就是大气女人的绝技。如果鲁燕是一个不识大体的女人，后果会怎样，相信大家也会猜到。

所以说，不论是爱情还是婚姻，都需要用心经营，有心计的女人往往都会用大气来拴住男人的心。只有女人身上本有的气质，才会使爱情和婚姻永远保鲜。

{不要让唠叨乘虚而入}

生活中有许多的琐事使得女人变得判若两人，也因此，婚后的夫妻没有不吵架的。一开始男人犯错，女人只是小小地提示一下，但是慢慢地这种提示就演变成了无休止、咄咄逼人的唠叨，男人最怕的就是女人的唠叨。女人的唠叨就像是一颗定时炸弹，随时都可能把婚姻炸得粉碎。

有心计的女人，她们不会为了一件小事无休止地吵，她们会跟丈夫讲道理。一般喜欢唠叨的女人总是自以为是，她们认为唠叨能使丈夫改变，但是从古至今，这种唠叨的方法从未奏效过，相反，唠叨使丈夫离她们越来越远，甚至不愿意再回家。女孩子在刚结婚时，如果只是稍微唠叨，丈夫多半会一笑了之，但是这样只会造成女人更加唠叨，慢慢地唠叨就会变成隐形杀手，让人不寒而栗。

黄智是一位推销员，他是一个有上进心的男人，但是妻子总是很轻视他的工作，觉得一个男人就应该成才成器，一辈子都只做个小推销员，太没有前途了。每天黄智一回到家听到妻子的第一句话就是："哟，我们的潜力股回来了啊，怎么样，是不是带了大把大把的钞票呀，不要忘了，马上就要交房租了！"黄智每次都是无以言对。这样的日子持续了好几年，虽然整天都在嘲笑中生存，但是黄智一直坚持着。终于有一天黄智有了自己的公司，在背后支撑他的不是那个爱唠叨的太太，而是一位年轻的女孩。至于黄智的太太，他早就和她离婚了。用黄智自己的话说："如果再听她唠叨下去，我会毁了自己的！"直到离婚，黄智的前任太太还不知道是因为自己的唠叨和嘲笑，把自己的丈夫推给了别人。

可见，唠叨是多么可怕的潜在危机。确实，有时候妻子的唠叨是为了丈夫好，但是女人们有没有想过男人的感受，千万不要把唠叨当成是一种爱，它就是一个抹杀婚姻的潜在杀手。

为了婚姻，为了家庭，为了爱，女人们要懂得用心计，不要傻傻地爱，要学会把唠叨变成鼓励，阻止唠叨的乘虚而入，就会得到永久的幸福。

女人的赞美是男人最大的动力

{ 感动男人一生的话 }

在爱情的世界里，往往都是男人在顾及女人的感受，他们可以承受女人的无理取闹和任性，在女人空虚的时候安慰她、鼓励她。男人在人们的心中就是坚强的象征，女人们总是忽略他们也有内心空虚的时候，也有作难的时候，这时的男人，最需要的就是爱人支持，哪怕是一句："老公，你真棒！"对男人来说，就可以转变成无穷的力量。

聪明的女人不会在丈夫落魄的时候指责他，只会默默地支持他，做他最坚实的后盾。

2010年，上海东方卫视的《超级达人秀》来了位特殊的嘉宾，他曾经是娱乐城的知名人士，也曾经是全海南唯一的一辆金色加长林肯的拥有者，他就是高逸峰，一首《从头再来》唱的全场为之震撼，评委高晓松激动地说，"我叫你一声哥，你真的让我感到人生豪迈！"由于高逸峰太感性，以至于他精心经营的娱乐城在1996年开始走下坡路，直到2004年彻底破产，高逸峰一夜白了头。为了还债，一直在家的妻子也开始在外面打工，当高逸峰说到妻子的时候泪流满面，他很感谢妻子的支持，如果不是妻子，他不知道自己还有没有今天。主持人伊能静问高逸峰："那您的妻子今天来了吗？"高逸峰骄傲地回答说："来了。"当高逸峰的妻子钟叶站在舞台上时，先是给丈夫一个拥抱，然后说的第一句话就是："我先生是最棒的！"伊能静问及高逸峰落魄的时候，钟叶是怎么陪伴丈夫时，钟叶坚定地回答说："那段时间我经常鼓励他，人生起伏，如果有机会，你会重新站上舞台的，因为我觉得我先生是最棒的！"台下传来了一阵雷鸣般的掌声，那一晚，高逸峰一炮走红。

多么简单的话语，却支撑着丈夫的成功。不管高逸峰是穷是富，钟叶始终不离不弃，不管高逸峰怎么折腾，钟叶总是告诉丈夫："你是最棒的！"一句看似平淡的话语，却时刻鼓励着丈夫，成为丈夫一生中最主要的动力。

其实，在我们的生活中不乏挫折与困惑，明智的女人总是能用最平淡的话语感动丈夫，她们不吵不闹，在那一刻，妻子就是丈夫的避风港，一句鼓励的话就是男人站起来的动力，从此感动他一生。

{给生活加点甜美剂}

生活离不开甜美剂，就像是炒菜离不开盐一样。但是究竟什么才是生活的甜美剂呢？不错，就是赞美。

女人总是被世人称作"弱者"，男人赞美女人是天经地义的。但是男人也有他们柔弱的一面，有谁能看见？有很多的家庭破裂，就是因为在生活中女人太自私，她们总是要求男人赞美自己，却忽略了男人也需要赞美。

智慧女人会时不时地赞美丈夫，丈夫在她们的眼里就像是小孩子，赞美就成了爱"孩子"的甜美剂，适当地给"孩子"一点甜美剂，生活就会变得更美好。

在张雪的眼里丈夫就像是三岁的孩子，总是需要夸赞，他才会往前走。有一次，张雪正在和同事一起逛街，接到了丈夫的电话："雪，我把家里的卫生打扫干净了。"张雪就像是变了一个人似的，娇滴滴地说："哇，老公你真乖，回家我给你做好吃的，想吃什么？"只听丈夫在电话的那头也撒娇地说："人家的手都洗疼了，吃不了饭啦。"张雪咯咯地笑着说："好啦，好啦，回家帮你按摩，但是你要乖，把饭做了，好不好？""遵命！"张雪的丈夫调皮地回答道。同事们听得目瞪口呆，觉得张雪有点太惯她老公了，而张雪却说："要想爱情保鲜啊，就要学会赞美男人，他们就像是小孩，与其整天为谁做家务而吵架，还不如在赞美声中让他自觉完成。"

生活离不开赞美，爱情和婚姻也是一样。人们都喜欢被赞美，所以不要在赞美上吝啬。有的人为了让丈夫更爱自己，就想着各种办法鞭策他，但是往往事与愿违。虽然鞭策能暂时地起到一些作用，但并不是长久之计。聪明的女人面对感情时，不会选择鞭策，她们会在适当的时候赞美。在她们看来与其整天鞭策生活，不如给生活加点甜味剂，这也许就是为什么有人的生活过得有滋有味，而有的人整天过得疲惫不堪的原因吧。

有心计的女人要善于赞美，把赞美变成美满生活的纽带，才会使情感在原有的基础上得到完美的升华。

事业大女人，家庭小女人

{ 做一个爱他的"小女人" }

心理专家在咨询实践中发现，很多"女强人"在外叱咤风云、风光无限，论才能、学识或相貌都无可挑剔，可婚姻生活却往往是不如人意。很多女人委屈、抱怨"我哪一点不比他强？我哪一点做得都挑不出毛病，他为什么要和我离婚？"。

说实话，"女强人"并不太好当，她们总是给人一种可望而不可即的感觉，男人也因为女强人的至高无上而退避三舍。

"女强人"不适合出现在婚姻的概念里，是因为男人都有征服欲，所以如果你真的爱你的丈夫，那么就试着做一个让男人疼爱的"小女人"吧！

"小女人"不一定要对男人低声下气；也不一定要把温柔敦厚发挥得淋漓尽致。有心计的女人在面对男人的时候，她们会变得小鸟依人，也会表现出一种"知足常乐"的生活状态。其实做"小女人"并没有什么潜规则，只要知道在什么时候让男人威风凛凛，神气十足；什么时候让男人天马行空，驰骋千里，这样的"小女人"就是男人的幸福根源。

潘盈是一个37岁的中年职业妇女，她一直认为自己不比男人差，所以她对家中的日常小事从不放手，婆家的大事小情也要一一过问。潘盈身边的朋友都说她就是个操心命，潘盈总是不在乎别人的看法。2007年的冬天，潘盈一不小心滑倒在地，把左腿摔折了。无奈，家中的大小事都是丈夫在张罗，看着丈夫乐此不疲的样子，潘盈忽然觉得幸福原来这么近。潘盈养伤的那段日子，都是丈夫忙着去医院开药，他一边任劳任怨地忙乎着，一边用幽默的口气对潘盈说："现在什么也不用你干，你只要喘气就行。"一向强势的潘盈忽然发现原来做小女人、有一个宽厚的肩膀依靠也是很幸福的。潘盈温柔地对丈夫说："老公，你辛苦了，是我以前太傻、太要强了，总怕失去女人的独立性，一般情况下也不轻易麻烦别人，一切都习惯了，好像自强的女人活着就得不停地忙碌、奔波。最近我才发现在你的守护下，才是一种幸福。"丈夫欣慰地笑了。其实，每个人的内心都渴望幸福，有时只要简单的一个动作，就能告知对方，幸福真的很简单。

面对婚姻，聪明的女人会压制自身"女强人"的火焰，她们对生活的要求并不高，有一个可以遮风挡雨的家，有一个爱自己的老公和一个健康可爱的孩子，就会满足了。男人们最喜欢这种容易知足的女人，为了爱，做一个爱他的"小女人"吧，只有这样，你才会得到永恒的幸福！

{ 小女人的幸福 }

每个女人都是一朵花，妩媚多娇。生活中不要遗忘微笑，做一个优雅的小女人，没人能夺走属于小女人的幸福。当你举手投足间都是优雅，而不是心浮气躁，幸福便离你很近了。

生活并不是那么简单，这里面大有学问，小女人要学会品味生活。当面对心爱的男人时，很多女人心里都或深或浅地潜藏着不安。不管她们乖巧如猫，还是冷艳似狐，内心都渴望着温暖，渴望着被疼爱。幸福对一个小女人来说其实很简单，知道有人牵挂着、宠溺着自己，没事的时候，捧着手机发短信，一条简单的讯息便足以让小女人眉开眼笑，这就是幸福。

黄露的生活很幸福，每天早上丈夫张楠都会把早饭做好后叫她起床，而每次黄露都会赖一会儿床，张楠无奈只好说："快起床吧，要迟到了！"黄露一听要迟到，立马快速穿衣起床，洗漱完毕，喝着老公做好的不凉不热的豆浆，心里甜滋滋的。带着愉快的心情，开始了一天的工作。黄露和张楠结婚已经5年了，她们从来没有红过脸，吵过架。虽谈不上相敬如宾，但也是你恩我爱，虽没有那么多的浪漫，但生活中也处处充满着温馨。黄露很知足，她不跟其他同事攀比，每次张楠说感觉对不起她时，黄露都会说："老公，只要有你的爱，就算是吃糠咽菜，我都愿意！"张楠很喜欢这句"我愿意"，就像是回到了婚礼上。黄露和张楠的小日子过得并不富有，但张楠觉得自己就是世界上最幸福的人，因为自己娶到了一位懂得知足的小女人，妻子就是他的幸福源泉。黄露觉得人生就如一条长河，它会遇到很多的阻挡和艰险，但始终都会流向大海。在爱情上，只要两个人在一起，在苦的日子也是快乐的。婚后，牵手到白头，才是人生最大的幸福。

幸福其实真的很简单。小女人是幸福的，因为她容易满足。她们的幸福快乐源自爱的单纯。无论在哪里，她们都会面带微笑，因为小女人相信，那个爱她的人会给她最幸福的未来……

维护男人的尊严是再明智不过的举动

{男人需要有面子}

人们常说"人活一张脸,树活一张皮",在爱情的世界里,男人总是在妥协,为了爱处处让步,但是女人们往往忽略了男人们最在乎的东西——面子。夸张地说,面子就是男人的第二生命,他们最害怕的就是失去面子。

男人爱面子是古往今来的秉性。在人们的眼里,男人就是一个家庭或者是国家的顶梁柱,他们肩负着重任,正是这种责任感增强了男人们的自尊感,后来就延伸成了爱面子。

聪明的女人不会整天想着怎样让男人围着自己转,她们整天都在为维护男人的面子费尽心机。有心计的女人知道,只有这样爱情和婚姻才会越来越美好,越来越甜蜜。

刘洋和杨薇是一对走到哪里都让人羡慕的小夫妻,他们有一家自己的餐厅,生意还算兴隆,虽然生活不是很富有,但日子却过得有滋有味。杨薇属于那种大大咧咧的女子,刘洋每次都让着杨薇,一次,餐厅打烊后,杨薇因为一件小事和刘洋吵了起来,当时杨薇的情绪非常激动,刘洋看着害怕,情急之下就钻在了餐桌下面。这时候,恰好一位顾客返回来找落在餐厅的手机,刘洋看到此情景恨不得赶忙找个地缝钻进去。正在发飙的杨薇看见顾客返回到餐厅,赶忙对钻在餐桌下面的丈夫说:"我说刘洋,我就说不让你自己扛桌子吧,你非要扛,看,扛不动吧!正好来帮手啦,下次等你吃了'大力丸'再单干吧!"客人还以为杨薇说的是真的,就顺手帮刘洋把桌子搬到墙角后走了。客人一走,刘洋立马夸奖妻子聪明,杨薇没好气地说:"以后还惹我生气不?""不敢,不敢。"刘洋讨好地说。就这样,一场尴尬的面子危机轻松化解了。

可见,男人真的是很爱面子。女人一定要明白,如果你真的爱这个男人,就不要亵渎他们的面子。聪明女人在珍惜男人的同时，也会珍惜男人的面子，她们知道面子比男人的生命还要重要，有时候男人宁愿死也不愿意丢面子，因此，在聪明女人的眼里，维护男人的面子就是生活美满幸福的前提。

作为一个女人，不要轻易地去挑战男人的面子，你要清楚地认识到，当你伤害男人的面子的时候，很有可能伤害到这个男人的心灵和尊严。

{学会给丈夫留点尊严}

男人的死穴是什么？有人调查得知，男人的死穴就是面子。对男人来说，面子就是男人的尊严，这也许就是为什么人们经常说男人死要面子活受罪的原因吧。

俗话说"吊死鬼擦粉——死要面子"。可见，面子已成为一个人不可或缺的一部分。每个人都希望自己在朋友面前被尊重，任何人都不希望自尊心受损，都不喜欢受人羞辱。尤其是男人，他们最受不了的就是在朋友面前被老婆贬损。

在处理与丈夫之间的误会时，有心计的女人不会大吵大闹，她们会试着去理解丈夫。有心计的女性会用细微的言语动作，去与丈夫沟通，以此增进夫妻间的感情。

高欣有天晚上回到家发现丈夫李强领来了一群朋友，他们买了好多的酒菜，为了能喝得尽兴，他们把家里能用上的被子都用上了，被子铺了一地，丈夫的朋友都喝得东倒西歪，家里搞得一片凌乱。李强见妻子回来了，怕大家看笑话，就对着高欣大声呵斥道："你怎么这么晚才回来？快，去给哥几个做道拿手菜！"眼看着李强的那几个朋友想看"好戏"，高欣忍了，赶忙笑着说："老公，不好意思啊，我今天在加班，你们先喝着，我去烧菜！"高欣果真烧了几道好菜，这给李强的脸上增了不少光彩，李强的朋友都夸他找了个好老婆，朋友们的夸赞和妻子的让步，让李强变得洋洋自得。等朋友们走后，高欣依然没有发作，只是默默地收拾"残局"，李强一把抱住高欣："谢谢你老婆！"高欣拍拍丈夫的后背，表示理解。

男人表面上很"粗枝大叶"，内心却没有安全感。他们在外面打拼，活的就是一张脸，所以他们很在意别人的看法。尤其是已婚男人，他们的尊严大多都是妻子给的。一个聪明的妻子，不需要丈夫太多的言语，一个简单的动作，她就会理解丈夫的做法，时刻维护丈夫的尊严。

生活中，会维护丈夫尊严，给丈夫留面子的女人，生活都是幸福的。所以，女人要学会维护丈夫的尊严，才是明智之举。

上得厅堂，更下得厨房

{ 用心来留住爱人的胃 }

要想抓住男人的心，其实很简单，有时一个简单的爱心便当便能让一个男人爱你一生。这就是人们常说的"要想抓住男人的心，先抓住男人的胃"。

做菜不是简单的事情，但是只要你用心，就能博得丈夫的爱。幸福源自生活的细节，做一个爱心便当不需要什么大料，它重要的不是结果而是过程。一个男人娶的是持家过日子的老婆，而不是一个大厨。一个聪明女人为了爱，会用心去做一道菜，就算做出来的这道菜再难以下咽，在丈夫看来，都是山珍海味，关键是菜里面有家的味道。

何静很爱自己的丈夫郑弘扬，但是何静不会做饭，导致郑弘扬总是喜欢在外面吃。后来，何静发现丈夫总是去一家热干面馆吃饭，看着丈夫与面馆女老板有说有笑的样子，何静心里很不是滋味儿。为了爱，何静这个娇小姐也开始专心钻研厨艺，何静心想：既然老公那么喜欢吃面，那我就学做面。在何静学做饭的那段日子，郑弘扬依然在那家面馆吃面，他没有发现何静手上那些被烫伤的水泡。一天，何静终于学会了做热干面，她高兴地做了一大锅，郑弘扬下班回来吃着妻子精心做的热干面，连连称道："好吃，好吃，比楼下的都好吃！"何静默默地抚摸着被烫伤的手，一边想：为了丈夫，值了！而郑弘扬也在心里暗暗发誓，再也不在外面吃饭了，一定要对这个努力为自己付出的女人好一辈子。

简单的一顿饭，留住了男人在外漂泊的心。不管男人是否爱吃，家常饭里面只要有一种叫"爱"的东西，经常萦绕在男人心间，他们都会觉得还是家里的饭好吃。所以说，一道家常菜不管好不好吃，只要有爱当佐料，就一定会勾起男人的欲望。

生活就像是一道菜，就算是再难"炒"，只要你用心，就会达到"化腐朽为神奇"的效果。要想抓住男人的心，就要从胃入手，不需要你炒得一手好菜，只需要你用心，生活才会过得有滋有味。

{ 做个百变佳人 }

　　一个女人只会用厨艺来抓住男人的心是不行的，如果你的丈夫是个优秀的男人，你就要学着做一个"上得厅堂下得厨房"的百变佳人。

　　有人说男人是种视觉动物，他们只在乎外表，其实这样的说法是错误的。再漂亮的女人不会做饭，就是一种缺陷，家里有个会做饭的女人，就是男人的牵挂。一个聪明的女人不但要会做饭，还要学会完善自己，做一个让男人不由自主的女人。

　　一次，王缦和表弟方舜聊天时无意中说到了将来，王缦问方舜："弟弟，你想过将来讨老婆的事情吗？"

　　"姐，你咋问那么直白啊，我当然考虑过了，我要找啊，就找个日韩式的老婆！"方舜害羞地说。

　　"什么叫日韩式的啊？"王缦很好奇表弟的想法。

　　"日韩式就是有日本女人的温顺，韩国女人的可爱。我才不会找那种只会洗衣做饭且不解风情，又大大咧咧的女人呢！"方舜骄傲地说道。

　　俗话说"说者无心，听者有意"。王缦听了表弟的话，心里很不是滋味，因为她就是那种既大大咧咧，又不解风情的女子。王缦的男友和自己谈了三四年的恋爱，但是一点要结婚的迹象都没有，她一直在想，男人到底是怎么想的。听了方舜的话，王缦在想：其实表弟说的话还是很有道理的，如果我能学着做日韩式的女子，不知道男友会不会对自己另眼相看呢？

　　王缦是个敢想敢做的女子，当初为了不让男友经常在外面吃饭，她学会了做饭，让男友骄傲了好一阵子。现在她为了能让男友刮目相看，又开始学习化妆，王缦立志要做一个百变佳人，不但要在饮食上征服男友，更要在精神上征服他。三个月后，在王缦的不懈努力下，男友终于向她求婚，王缦默默地在心里感激着表弟的那一番畅想。

　　一个男人对一个女人倾心，不但是因为女人精湛的厨艺，还因为女人的善变。一个有心计的女人在厨艺上征服男人后，就会学做一位百变佳人，不要像一盘小葱拌豆腐，除了豆腐就是葱，时间长了，男人就会产生免疫。

　　要想日子越过越好，就要付出，女人在抓住男人的胃后，一定不要让他猜到你下一盘"菜"是什么，男人都喜欢神秘的东西，既然一道清淡的小菜就能征服男人的胃，那么一张神秘的"菜单"就能征服男人的一生。

交心是维系感情的最佳方法

{不要听信谗言}

夫妻感情是建立在信任的基础上。有人说，婚姻就像是一杯水，每伤害一次，杯子里的水就会少一滴。相反，每甜蜜一次，杯子里就会添一滴水。当杯子里的水枯竭的时候，就是婚姻走到尽头的时候。所以，夫妻双方一定要珍惜属于你们的这杯水，在遇到事情的时候，千万不要轻易听信谗言，必须深入了解之后再做决定。

人们常说女人的耳根比较软，什么事情一到女人那里就会严重化，尤其是男女问题。虽然现在是开放社会，但是有人还是比较喜欢"嚼舌根"，有素养的女人不会去听信别人的谗言，因为她们相信自己的丈夫。当然，也有一些不自信的女人，容易听信谗言，在夫妻感情上造成一些不必要的矛盾。

周建中是某公司的一个科长，人称"爱妻号"，他的妻子叫江梦如，人称"贤内助"。两人虽然不在同一公司上班，但是感情却相当得好。一日，梦如的婆婆发现自己的儿子与一个新女职员走得很近，就悄悄告诉了梦如："梦如啊，我看建中最近神神道道的，总是跟那个新来的女人走得很近，你要警惕啊！"江梦如根本就没有在意婆婆的话，但是有次她去丈夫的公司找他，又听到了关于丈夫和那个女职员的传闻，她决定暗中调查一下。结果，她丈夫与那位女职员周末私会的情形被她逮个正着……可"私会"的实情是：女职员已有自己的结婚对象，只是女职员见科长与她早逝的父亲酷似，所以请他来做"评委"，而周建中是因为害怕妻子误会，才以加班为借口。就这样，被人们看好的"爱妻号"仅因为自己母亲的几句话而变成了"出轨号"，江梦如没有调查清楚就去"捉奸"，使得丈夫在同事面前颜面丢尽。因此，丈夫周建中在公司的地位和人际交往也深受影响。

可见，谗言是不可信的，夫妻之间就要互相信任。有心计的女人不会盲目地听信别人，她们会在平常就深入了解丈夫的内心，在听到流言蜚语的时候，第一时间就能分辨出来是真是假。

所以说，婚姻离不开信任，在信任的坚固基础上，要学会走进丈夫的内心，多为对方考虑，多给他一点空间。这样，才会避免很多不必要的伤害。

｛为了爱，请多了解他｝

有一个懂你的男人是每个女人的毕生追求，但是对于男人，又有几个女人了解？

爱，就是一个互相了解的过程。两个原本陌生的人，在通过互相了解后结合在一起，美其名曰："恋爱"。现在很多年轻的恋人，一遇到事就提分手。比如说，女人给男人发短信男人回得不及时，女人就会生气，时间长了，两人就会产生隔阂，这就是因为女人不了解男人所造成的。

仝仝和吴莉是在虚幻的网络上认识的，仝仝一直不相信网络是虚幻的，自从他认识吴莉后，更加证实了自己的看法。他们通过网络和电话传情，很快两人就进入了热恋期。为了能见面，仝仝专门坐了一天的火车赶到了吴莉所在的城市，在那个陌生的城市仝仝找到了他的爱人，两个人手牵着手，幸福地在大街上漫步。中午吃饭时，仝仝知道吴莉是四川人喜欢吃辣，就点了两碗面，一碗辣的、一碗不辣的。这时，吴莉不愿意了，她觉得仝仝根本就不爱她："你为什么不吃辣啊，人家都说'爱屋及乌'，我看你就不爱我！"仝仝为了证明自己爱她，就陪着她吃辣。吃完饭，吴莉就要坐过山车，为了不扫她的兴，仝仝又陪着心爱的人坐了过山车。时间过得真快，一天就这样过去了，仝仝就要走了，吴莉还在为中午吃辣不吃辣的问题而耿耿于怀。

仝仝回去后就没有和吴莉再联系，吴莉也不愿意再理他。三天后，吴莉接到了仝仝的电话，打电话的不是仝仝，而是告知她仝仝死亡的人。吴莉连夜赶到仝仝所在的城市，仝仝的妈妈告诉她仝仝从小就患有胃腺炎病症！得这种病的人不能吃辣椒、更不能做激烈运动！吴莉忽然发现这两条禁忌，仝仝那天都做了，全是为了她。爱，需要互相了解。吴莉就是因为没有深入了解对方，才这样葬送了仝仝年轻的生命。

可见，爱一个人不仅仅只是爱这么简单，更重要的就是了解。男人往往不善于表达，聪明的女人如果真的爱这个男人，就会主动地深入了解。在了解爱人的同时，有心计的女人会紧紧地抓住幸福的尾巴，因此，她们的生活往往是幸福的。

总之，如果你真的爱这个男人，就请真正走进他的心里，去深入地了解他，这才是爱的真谛。

用欣赏的眼光看待他

{女人要用"赞美"将他化为"绕指柔"}

每个人都希望得到别人的赞美,男人也需要女人的赞美,男人通常只需要知道他在她心目中的位置就足够了,男人并不需要唠叨的语言,不需要重复。

夫妻在日常生活中要想达到和谐,其中"肯定"是法宝,"赞美"是秘方,不要对他否定,多对他说些肯定的话,少些唠叨的批评,多些表扬他的赞美语言。再差的人也有他的优点,更何况他是你曾经看中选中的男人,正所谓情人眼里出西施,不仅只是在婚前,女人在婚后同样也应有"情人眼里出西施"的眼光,多看他的优点,男人往往需要赞美,甚至要崇拜。因为男人的骨子里都是有某种英雄情结的,他想得到女人对他的信任和崇拜。所以,女人要想征服一个男人并不难,多赞美他,崇拜他,他就会对你俯首称臣拜倒在你的石榴裙下。男人不仅在成功时需要女人对他肯定的赞美和崇拜,在失意时同样需要女人对他的信任与鼓励,如果一个女人做到这些,那么这个男人就永远是你的"囊中之物"。

心理学家建议,夫妻之间的沟通也要讲艺术,实话通常不能直说,当你在说每句话之前要好好掂量一下,多考虑一下对方的感受。十年的夫妻,就好比左手拉右手,夫妻共同经营一个家庭,两个人不仅是各占一半股份的股东,也犹如两只互相依偎的刺猬,通常既想紧紧靠近对方,又害怕对方身上的刺扎到自己。丈夫在事业上的成功往往在外面收获极大的尊重,但每个男人心里都非常清楚,外面那些人的赞扬大多带有伪装,实质上是有目的性。所以,只有在妻子面前得到的尊重才是最真实最可信的。因此,他们在内心十分渴望得到妻子对他的崇拜,但是因为男人一般很重视面子,不好意思说出来。所以,作为妻子,当丈夫对你无缘故的挑剔和指责的时候,多包容他,适时给他一些赞美,自然,他也会认为你是个既贤惠又聪明的女人。

事实上，女人们对丈夫的赞美一向很吝啬。当有人提出"作为一个妻子要多肯定你的丈夫，赞扬你的丈夫，鼓励你的丈夫"时，大部分的女性可能对此有些反感，她们肯定会说：只有做得出色才配得到赞美。一般来说当然是这样的，只有当一个人表现出色的时候才会得到他人的称赞，但对于妻子来说则不然，妻子首先就要对丈夫称赞和激励，只有在这基础上，才能使丈夫的表现日益卓越，能做到这一点的只有妻子。因为女人天生就拥有比男人更优秀，更丰富的情绪资源。

总是对丈夫抱怨的妻子们要时刻注意了，尽管丈夫们的个性不尽相同，但对付他们总有一个屡试不败的方法，那就是"赞美"。

{善待丈夫就从赏识和温柔开始}

女人要学会善待男人，首先就要了解男人最关注的是什么，男人真正关注的是事业，因为事业是体现男人价值的标准。一个成功的男人总是希望从妻子那里得到喝彩，事业不顺的男人也总希望从妻子那里得到鼓励。一个聪明的女人，要关心丈夫的事业，当丈夫正眉飞色舞地向你"炫耀"他的成功时，这时你就要表现出惊喜的样子，说："我就知道你是最棒的！"当丈夫垂头丧气向你倾诉痛苦时，你就要关切而坚定地说："这点失败算不了什么，我一直相信，你肯定行！"

任何男人都怕别人说他不行，当然最烦的更是妻子说他不行。如果一个妻子瞧不起她的丈夫，这是对男人最大的伤害。一个不成功的男人，原本在外面就没有成就，回到家里还得受妻子的窝囊气，这无形中也就丧失了男人的豪气。

女人常犯的毛病就是爱挑剔，有的女人总爱用赞赏的眼光看别的男人，而用挑剔的眼光看待自己的丈夫，因此，她也会常对别的男人说"你真行"，而对自己的丈夫却说"你真没本事"，爱挑剔的女人，既得不到满足，也永远不会幸福。

人们生活在世上最大的成就是得到赏识。女人当初看上一个男人正是建立在赏识和崇拜的基础上，可是当结婚之后，女人的眼睛通常容易盯在丈夫的缺点上，赏识也就变成挑剔，此前的崇拜变为此时的鄙视。女人要想善待男人，首先就要从改变自己的心态开始，你要相信："我的丈夫最棒，他是个很出色的男人！"向他发出"你能行"的信息，一个"出色的男人"也就慢慢被你"塑造"出来了。女人不妨表现得慷慨一点，不要总吝啬自己赞美的语言，把男人的每一个成功都看在眼里，发自内心地给予他你的赞赏。

总之，女人要学会"温和地说话"。一个女人，如果你总是握紧双拳面对你的丈夫，他就会把拳头攥得更紧。相反，如果你温和地对他说："坐下来我们好好商量一下，看看有什么办法？"这样，丈夫也会随之变得温和起来。

尽管说"良药苦口，忠言逆耳"。但人的本性都有虚荣和自尊，所以，很多人还是喜欢听赞美的语言，用赞美的口气委婉含蓄地评价一个人要比义正词严地批评一个人更容易使他接受。

因此，作为一个贤惠的好妻子，你就要用放大镜看待丈夫的优点，用缩小镜去探视丈夫的缺点，用显微镜去透视丈夫的爱心。

善解人意是抓住人心的一大法宝

{ 抓住男人的心就给他温馨 }

善解人意是女人的一大法宝。在男人心中，一个热情、善解人意的女人是最可爱的，善解人意的女人通常对人生有一定的领悟，善解人意的女人懂得，丈夫不是不爱她，是还有比爱情更重要的事业。善解人意的女人也懂得，丈夫不是她的私有财产，丈夫的爱同时还属于他的父母、朋友以及兄弟姐妹。这样的女人使男人有一种很温馨的感觉，在社会上可以增加男人的自信，在家里男人有一种舒适感。对此，男人会心存感激，也使得他更爱他的女人。

女人天生就是感性的，稍不如意，就耍自己的任性和小脾气，常常控制不住自己的感情。加之女人的肚量不够大，当丈夫对自己不好时，就认为天底下最不幸的人是自己。因为感到委屈而一味地要为自己讨回公道，甚至于变本加厉地无理取闹。殊不知越是这样做，结果只能把丈夫逼得走上绝情的道路，因为这时他已经感觉不到家的温暖了。

女人要学会关心你的丈夫，并不单单是让他丰衣足食，最重要的是去了解和关怀他的内心世界。他真正喜欢什么，他到底需要什么，这并不是迁就他，而是让丈夫知道他并不孤独，因为有你理解他。

夫妻间需要心与心的沟通，心有灵犀，不仅仅是两个人之间只有默契就够了，更重要的是妻子对丈夫内心世界的洞察。女人需要敏锐的观察，要做到先知先明，细心的感悟和适时的心灵碰撞。

男人有他的苦衷和难处，男人在家庭中担当着光宗耀祖的重要使命，似乎比女人更多了份责任和义务。作为妻子，要学会理解自己的丈夫，当一个女人嫁给一个男人时，你一定要明白，你嫁给的不仅是他这个人，而是嫁给了这个男人身后的整个家庭。你要主动把自己融入这个大家庭中，认真地履行自己应有的义务，不必计较个人得失。学会理解丈夫，就等于给他一块垫脚石，帮他跨越路途中的障碍；学会理解丈夫，就是给他一把伞，为他遮风挡雨；学会理解丈夫，就是多给他一些同情，多给他一些怜悯，多给他一些支持。让他时刻感到自己家庭的温暖。

事实上，男人有时也是很脆弱的。同样，他们也有七情六欲，有丰富的情感。妻子不仅要看到丈夫强壮的一面，也要去呵护他个性中软弱的一面。当在外面丈夫遭受挫折时，唯有家才是能够得到安慰的地方，作为妻子，切勿嘲讽他的无能。这个时候，他最需要的是你的抚慰和鼓励。在丈夫心力交瘁的时候，你要用自己的热情去感染他，让他有信心去面对困难。

{ 温柔通达让他粘着你 }

女人有时要学会"换位思考"，遇到事情时可以站在对方的角度去想一想，对男人要温柔，你做这些对男人来说就像雪中送炭，男人会被你感动。夫妻之间有时需要"长相知，不相疑"，女人应变得通达乐观起来，学会留一片"自留地"给男人，对感情要放得开，有时放得开恰能对感情把握的最好。如果你抓起一把沙子，攥紧拳头，沙子肯定会顺着你的指缝流出，但假如你小心地捧在手中，沙子也就不会再撒。感情需要尊重与平等，需要建立在"成长"上，而不是建立在"监控"上。只有以德服人，有了这种胸怀的女人，才能抓住男人的心，男人也会更依赖你。

通常说女人是"贤内助"，这个"助"，不仅指在事业上助他一臂之力，最重要的是替他解决后顾之忧。在公婆面前多替他尽一份孝心，在孩子面前多替他尽一份责任。让他一心一意地扑在事业上，这才是妻子对丈夫的最大帮助。

风雨同舟妻子能帮他掌舵划桨，艰难困苦能同他一起承担。女人替丈夫排忧解难，在他烦恼时，帮他释放压力，在成功时，让他不要迷失自己，关键时刻用你柔嫩的臂膀，给他力量。

"成功男人的背后必定站着一个伟大的女人，"这是对一个女人的最高赞美。

男人有自己的事业要养家糊口，他们需要不停地在外奔波，当然也需要与形形色色的人打交道。作为妻子，要相信自己的丈夫，不要总是忧虑怎么他老是不回家？他要是说忙，那么你就相信他真的是在忙，千万不要怀疑他和你说谎。即便你打通他的电话，听到他是在歌舞升平的场所，你也要坚信，他这是正常的应酬，而不是另找潇洒。女人切忌疑神疑鬼，更不要对丈夫兴师问罪，你要坚信，丈夫在外面，仅仅是逢场作戏，最终永远爱的是自己。

男人有他自己的世界，一个妻子不要让丈夫为自己而改变他的本色，时时地给他留一个自由的空间，留给他一片展翅飞翔的天空，要知道外面的世界就算再精彩，也仅仅是一个个驿站而已，身心疲惫的男人永远的归宿是温暖的家。

女人守护好自己的家为丈夫点燃一盏温柔的灯，永远为他敞开一扇门，用灯的光芒为他引路，让他不至于迷失方向，时刻敞开门，让他感觉家的港湾永远充满温馨。

做个出色的倾听者

{ 做个会"听话"的好妻子 }

妻子有一对敏感而善解人意的耳朵,丈夫会更加的爱你。男人们都想把事业上的成功和上等的生活条件带给妻子。当有不顺利的事情时,男人总是想办法瞒住妻子,以免妻子的脑袋里装满害怕与不安。男人从来都耻于承认自己的失败,男人很少拿不好的事情同妻子分享。

生活中不难看到有的男人很想把他的苦恼讲给妻子听,但是妻子却不想或者不知道如何去听。心理学家说:"一个妻子所能做的一件最成功的事情,就是能让她的丈夫愿意把在办公室里无处发泄的烦恼讲给她听。"如果一个妻子能够尽到这个职责,会被描述为"安定剂"或者"加油站"。

男人通常需要的是一个主动、机敏的听众,往往不想听劝告。在工作中,通常不轻易对发生的事情发表意见,如果有成功的事情,也不便在那儿引吭高歌,而假如遇到困难,最好的是能同她在家倾诉一番,大声地发泄一下。

善于倾听的女人,带给丈夫的不仅仅是最大的安慰,同时也拥有了无法估量的作用。

女人在倾听的时候要不仅光靠两只耳朵,还要使用眼睛、脸色、整个身体。当你真正投入地听丈夫说话时,你就会在他说话时看着他,如果你稍微动一下身子,你脸部的表情会有反应,如果你想成为丈夫的好听众,就必须做到对他所倾诉的内容感兴趣。

有一些女人在听丈夫诉说时,会利用丈夫的信任套出一些话,以便在日后的争论中当把柄拿出来打击他,如"你可是亲口告诉过我,只因为那一个契约,而买下那些事实上根本不必要的剩余物品,现在你又说我买那么多的衣服纯属是浪费钱,难道只有我一个人在浪费?"那么,恐怕你的丈夫日后不会再和你诉说什么了,因为你根本不是在真正地听他说话,而是在意他向你诉说的内容。

女人要成为一个好听众,不要单单地认为只要了解了丈夫工作的小细节,就能使他得到满足，其实不然，如果丈夫向你诉说了他的困扰，需要的是在你听后给予的某些提示。

对于发生在他身上的事情，作为一个妻子要有同情心、有兴趣，而且要提高注意力。一对敏感而训练有素的耳朵，将会使女人更加可爱。在丈夫的眼里，你不但有了一张比蒙娜丽莎还要美丽的脸孔，而且也能带给他更多的帮助。

{ 善于倾听赢得男人心 }

心理学研究表明，在每个人的内心深处，都渴望向别人倾诉。倾听是一种修养，倾听是一门艺术，倾听是一种美德，学会倾听是人生美好的开始。

曾经听过这样一个故事，一个美国人在飞机上遭遇了惊险却大难不死，回家后反而自杀了。究竟是为什么？圣诞节将近了和家人团聚，他兴冲冲乘飞机往家赶，一路上幻想着和家人团聚的幸福场景。不巧天有不测风云，由于猛烈的暴风雨，飞机在空中脱离了航线，四处颠簸，随时都有坠毁的可能，空姐脸色煞白，万分惊恐地吩咐着乘客，写好遗嘱放进特制的口袋，所有人都在惊恐中祈祷，在这万分危急的情形下，由于驾驶员的冷静操控，飞机终于平安着陆，大家终于松了口气。

这个人回到家后异常激动，向妻子描述着飞机上遇到的险情，他不停地满屋子转着、叫着、喊着。但是，妻子却正和孩子们兴致勃勃地分享着节日的愉悦，妻子对他的惊险经历丝毫没有一点兴趣，这个人发现没人听他倾诉，因为死里逃生的巨大喜悦和受到的冷落形成了极大的反差。在妻子准备切蛋糕的时候，他却爬到阁楼上，用一根绳子结束了从险情中捡回来的宝贵生命。

可见，当一个人想倾诉时却发现无人倾听，这种痛苦无疑是最大的打击。夫妻之间的交流更需要倾听。懂得倾听，不仅是对他人的关爱和理解，而且也是促使关系融洽的润滑剂。每个人在烦恼和喜悦后都有一种对人倾诉的渴望，希望倾听者给予理解和赞同，然而那位妻子却没有做到，结果导致了悲剧的发生。

女人通常是最善于倾听的，在男人眼里，看似一件简简单单的事，她们都可以把玩得十分有滋有味。一个出色的倾听者一定会做到集中和配合，女人想要赢得男人的心，只需在男人向她描绘他的成就时，抬头凝视他，同时说出类似"天啊，你真了不起，真是太伟大了！"的赞叹就行了。这个时候，如果女人表现得越天真甚至愚蠢，男人就会对她越倾心，女人通常表现出的愚蠢恰好与男人的满意度成正比。因此，如果你想要赢得一个男性的心，当他在诉说着高兴的或者难过的事情时，专心地去倾听，适时地给出赞扬和鼓励。

第六辑 精心把家庭经营得有条不紊

自古以来，"男主外，女主内"的观念一直充斥在社会的各个角落。虽然在男女地位平等的今天，女性也拥有自己的事业，但是精心持家的诫训似乎并没有改变。因此，作为家庭的女主人，在做好自己事业的同时，更应懂得把家庭经营得有条不紊。毕竟家庭和谐才是生活的根本，才是生活的全部。做一个会持家的太太吧，这样你的老公才会更爱你，幸福才会更加热烈地拥抱你！

处理好家庭的琐碎之事

{男人更喜欢会持家的老婆}

一般来说,男人都不会停留在家庭的琐事之中,他们的眼光看得比较远,心胸也比较宽广。男人注定是在外面打拼的雄性动物,假如人们看到一个男人整天在屋里料理家务,就会觉得他不像个男人,太窝囊。而女人天生就有一种母性情结,喜欢照顾人,所以在一个家庭中,女人是最适合料理家务的人选,应该说是天性使然。

孟洁是一个贤惠而又会持家的老婆,老公每次在朋友面前提起她都是赞不绝口,羡煞旁人。孟洁很会省钱,从节水节电节煤气,到吃饭穿衣打出租,她一人掌控着全家的行动。

孟洁现在用的手机还是她大学毕业时买的,将近四年了,保养得跟新的一样,老公劝她买个新的,孟洁却说:"不买,手机有什么可换的,我这个还新着呢。"虽然她对自己很抠门,但是对老公可一点都不吝啬,她给老公买的手机非常上档次,孟洁说:"你社交广,得有个拿得出来的手机。"

孟洁买东西一定要货比三家,哪家的芹菜能便宜两毛,哪家的鸡蛋贵了三毛,她都了如指掌。如果是逛商场买衣服,她是不见打折不出手,所以在她的衣橱里虽然有不少名牌,但是价钱却不高,因为都是打折的。孟洁还有个绝招就是买反季衣服,前不久她就给老公买了件羽绒服,老公很奇怪:"大热天买什么羽绒服呀?"孟洁说:"你懂什么啊,如果在冬天买,比现在贵上三倍呢。"

孟洁还有一个节省的好习惯就是喜欢攒东西,老公喝的啤酒瓶她从来不扔,总是等攒齐了一大箱再卖掉,然后兴高采烈地对老公说:"老公,啤酒瓶卖了五块钱,啤酒瓶盖卖了六块钱!"老公心疼地说:"家里又不差这几块钱。"孟洁自豪地说:"我是让你看着我这么节省,以后你就不好意思多喝酒了。"老公嘿嘿地乐:"看来老婆是因为心疼我啊!"谁知孟洁却说:"你懂什么,我是怕你要是长个啤酒肚,就配不上我了!"

不管怎么说,在老公眼里,孟洁就是个非常会持家的老婆,更是他眼中的宝。

会持家的女人是非常讨人喜欢的，男人会因为让他省了很多心而倍加珍惜和疼爱你，会持家的女人其实就是一名优秀的"后勤主管"，为老公解除了许多后顾之忧，让老公能够安心地在前线奋战，那么这样的老公当然容易取得胜利了，要不怎么有"一个成功男人背后一定有一个伟大的女人"的说法呢？

人们不是常说"夫妻同心齐力断金"吗？聪明女人会把家操持得有声有色，以此来减轻丈夫的负担，那么等待她们的就是丈夫的成功与疼爱！

｛不会持家的太太让老公头疼｝

作为女人来说，一定要让自己做个"出得厅堂，入得厨房"的好太太，因为如果你的持家能力过弱，很可能会导致与老公的感情越来越淡漠。通常，男女在谈恋爱时，因为很少涉及具体的生活问题，两人尽情享受着爱情带来的甜蜜。稚嫩的他们似乎从来没有想过婚后的生活更多的是柴米油盐酱醋茶，而生活质量过得如何，完全取决于两人的配合。男主外，女主内，两人各司其职，这样才能让婚姻生活过得有滋有味。如果此时，女人还没有找到自己的位置，还是像往常单身或者在父母呵护下那样过日子时，就不可能将自己现在的小家庭打理好。

高先生两年前和张小姐结了婚，可是婚后他才发现，妻子一点都不会做家务，也不懂得理财。他说自己的家整天就像个狗窝，摸到哪儿，哪儿都是灰，走到哪儿都是满眼的脏和乱。妻子总是把衣服塞进柜子里，穿起来永远都是皱皱巴巴的。她8:30上班，可是天天早上都是8:10才起床，然后从衣柜里随手抓一件衣服穿上，冲向卫生间胡乱整理一下，穿上昨天穿过的脏鞋，就匆匆出门了。下班后她也不知道做什么菜，永远只会做西红柿炒鸡蛋、红萝卜炒肉和清蒸鱼。高先生提醒她，咱们已不是单身汉了，要考虑如何过好小日子，并建议她改变一下自己的生活习惯，可是她听后不是和老公红脸，就是理也不理。如今，他们已经结婚3年了，可是却不敢要小孩。

像张小姐这样的太太确实让老公头疼。婚前的两个人都来自不同的家庭，有着二十多年养成的生活习惯，婚后确实需要不断地磨合才能相处和谐起来，但是对于一些不良的生活习惯，还是要尽量改变自己。因为婚姻生活是两个人的世界，而不是从前那个一个人为所欲为的单身世界了，自己的有些习惯就要因此而改变。在二人世界中，有心计的女人会自觉担任持家的角色，她们会对幸福的家庭生活付出更多的努力。在聪明女人的眼里打理好家庭的日常事务，搞好家政，才能使家庭生活更加幸福。

创建和谐的家庭氛围

{ 不要做家里的情绪"污染者" }

人是情绪化的动物,每个人的心里都有一道心理防线。如果防线一旦崩溃,坏情绪就会像决堤的洪水一样汹涌而至。

在现实生活中,我们的身边总会出现像信仰的缺失、道德的滑坡、精神的失重、生存的压力、情感的挫折和人事的变迁,甚至是生离死别等等,这些情况都会对我们的心灵造成伤害,从而导致悲伤、哀怨、痛苦、内疚、悔恨、愤怒等坏情绪的产生。众所周知,情绪是有感染性的,好情绪可以为周围的人带来快乐。同样,坏情绪就会为周遭的人带去悲伤和痛苦,所以,无论如何,在下班进家门之前,一定要把坏情绪挡在家门外。

高女士在外企工作,因为同事发生工作失误,她也被连带着受到上司的严厉批评,可是在上司面前她又不敢过多说明自己的无辜,心里感到特别窝火和不平。下班后,高女士一路上脸色都非常的难看,到幼儿园接了女儿搭乘公共汽车时,她还没上车,司机就关上了门,夹住了她的胳膊。虽然不怎么疼,可是司机恶劣的态度让她更生气,随即与司机发生了一场争执。

下车后,孩子哭闹着要她抱,她大吼一声:"妈妈累,自己走!"孩子惊异地看着她,吓得更委屈了。晚上回到家,张女士还是一肚子的不高兴,灰头土脸地进了家门,丈夫连一句问候的话都没有,她又不禁生起气来。闷着头吃完饭,她又和丈夫因为谁洗碗的小事推来推去,说着说着就开始吵了起来……

从高女士受到了上司的批评后,她的心情就非常的不好,可是错就错在她没有及时调整自己的情绪,而是任由坏情绪在自己的身上驰骋飞舞,致使无辜的孩子、丈夫都跟着受到了她坏情绪的影响。这种坏情绪就像水波一样,稍有不慎就会向四周荡漾开来，这就是情绪污染。

任何情绪都有暗示感染的作用，它会向四周辐射，从而影响到他人的情绪。如果家庭中某一个人的情绪不好，就会感染别人，形成了沉闷压抑的家庭气氛。在生活节奏加快、竞争日趋激烈的今天，现代人普遍有紧迫感、危机感，心理压力很大，紧张、焦虑、抑郁、烦闷等不良情绪时常困扰着人们。有的人不会自我调解，又不重视家庭氛围，在外面受到排挤，无法宣泄时，就会把这股"邪火"带回家，撒到亲人身上，造成家庭成员之间的矛盾。有不少家庭关系紧张甚至破裂，就是由于受到了这种坏情绪的长期侵蚀的作用。

世上不如意事常八九，每个人都会有情绪低落的时候，所以聪明女人要学会忍耐，试着控制自己的情绪，千万不要做坏情绪的"奴隶"。有心计的女人在与人相处时，要尽量保持宽容和善、冷静豁达的心态，学会疏导弱化自己的不良情绪，这样才能营造出一个和谐祥和的家庭氛围。

｛维护家庭良好的氛围｝

家，对每个人来说都应该是一个温暖舒适的驿站，一个风平浪静的避风港，只有在温馨和睦的屋檐下人才会感到家庭的幸福和甜蜜。就算工作的压力再大，回到家里精神也会得到放松与调整。所以说，不要以为家是避风港，就可以随便地发泄情绪。

家，是一个人修整自己、恢复自己的地方，家是一个人获得力量和希望的地方，不要把"家"当成是你无所顾忌倾倒情绪的垃圾场所。

美国女作家托尼·莫里森小时候家里非常贫困，为了缓解家里的经济窘境，12岁的她每天放学后都得到一个富人家里做几个小时的零工。一次，她因为工作的事向父亲发了几句牢骚，父亲听后对她说："听着，你要明白你生活的地方在这儿，你并不在那里生活。你现在在家里，和你的亲人在一起。只管在那里干活就行了，然后拿着钱回家来，其他的什么都不用在意。"父亲的一番话，使托尼·莫里森领悟到了人生的四条经验：一、不管什么工作，自己都要做好，不是为老板，而是为自己；二、把握自己的工作，而不是让工作把握你；三、你真正的生活是和你的家人在一起；四、你与你所做的工作是两码事，你该是谁就是谁。从此，莫里森又变换了好几份工作，期间她又接触到了形形色色的人：有的很聪明，有的很愚蠢，有的心胸宽广，有的小肚鸡肠……但是她再也没有因为工作的事向家人抱怨过。

从莫里森的故事中，我们是否也得到了一些启示？无论女人在外面多么辛苦地打拼，遇到的压力有多大，但是那终究不是你真正的归宿，家庭才是陪伴你一生的根据地。家庭中的成员将是相伴你一生的人，所以维护家庭的和睦就是为自己营造一个永远幸福的生存空间，这个利害关系和位置一定要摆放清楚。那么女人应该怎样避免把坏情绪带回家呢？聪明女人不妨尝试以下的几个方法：

在办公室多留10分钟：时间是很好的分割点，不同时间过不同生活，情绪就不易互受影响。如果当天遇到了不高兴的事，下班后可以不马上回家，在办公室多留10分钟，安静地坐在办公桌旁，拿张白纸，写下当天在单位发生的事情，写完后可以把它撕掉，扔到纸篓里，再也不想它。

不要把公文包带回家：因为公文包这个实体物品会对人造成一种暗示，提醒你在工作中遇到的困境和压力，同时也让你把工作中的负面情绪带回了家里，为了避免这样的事情发生把它留在办公室里是最好的方法。

回到家就关掉手机：为了免受工作的影响，回家后一定要记着关掉手机。美国的很多公司都有这样的规定：在员工8小时之外的私人时间，可以不接工作电话。

饭桌上不谈工作：把工作和生活区分开，与家人相处时最好不要还想工作上的事，特别是在餐桌上。

只要试着尝试以上的方法，你就不难发现，原来自己就是一个可以掌控自己的聪明女人。从此，你的生活就会远离沉闷，更多的就是欢乐！

用宽容之心对待家庭小矛盾

{ 用心营造幸福的家庭 }

要想拥有一个和谐幸福的家庭，你首先要明白家庭是重情不重理的地方，千万不要试图在这里讲理。当然，家事也有对错之分，但是却没有必要弄出个你对我错出来，这样只会大伤和气和感情。所以，凡是有"心计"的女人都明白，家不是自己"较真儿"的地方，家是两个人最好的情感栖息地。如果你连"家"都搞不明白，那么当家庭出现问题的时候，你也不会明白到底是为什么。

有一对夫妻，刚结婚时非常恩爱。这位妻子也经常引以为自豪，认为自己找到了一位好丈夫。可结婚还不到3年，丈夫却突然要离婚。妻子非常奇怪，不知道家里到底哪方面出了问题。心灰意冷的妻子把这件事告诉了一个好朋友，这位好友对家庭很有研究，她给这位妻子出了一个点子——以后见到丈夫，不管人前人后，一律改为过去的昵称。这个点子让妻子始料未及，因为昵称是她在谈恋爱时专为丈夫独创的，那时，她从不叫他的名字，只叫这个昵称。婚后，她就没再叫这个昵称，而改为喊名字了。现在，朋友让她再叫丈夫的昵称，她还真有些叫不出口。可是朋友却坚持让她试试这个办法。她想，反正也没别的办法了，就试试吧。

当天晚饭时，妻子以让丈夫买酱油为由，启封了对丈夫尘封已久的昵称叫了一声："小乖，帮我买点酱油吧。"没想到妻子这句听上去怯生生的话，竟让丈夫极为震撼，几天来的敌对冷漠瞬间消失了。丈夫不但马上"遵命"去买了酱油，回来还张罗着与妻子一起在厨房里忙前忙后。后来，妻子再也没有叫过丈夫的名字，整天都是以昵称相称。而丈夫从此竟然再也没有提过离婚，夫妻间的坚冰就这样渐渐溶化了，两人和好如初……

从这位妻子经历了家庭的即将破裂，随即又用一个小小的昵称挽救了家庭的过程中，我们可以看到其实夫妻相处是有不少学问在里面的，家庭中的事并没有什么过于正式和认真的事，只要双方都感到舒服融洽就可以为这个家庭打满分。

当夫妻之间出现矛盾时，就会对彼此失去信心和尊重，以至于到了非分手不可的地步。此时，就需要双方进行有效的沟通，男人都是"面子主义者"，所以聪明的女人就会研究一些策略，无论是用微笑，还是眼泪，用怒目，还是甜吻，一定要让丈夫心甘情愿地拉着家庭之舟向前行。

{ 爱心让家庭安宁祥和 }

女人结婚后，不但要对家庭有责任感，还需要处理更多的亲戚之间的关系，所以只有将心比心，换位思考，才能妥善处理、灵活协调周边关系。而爱心是保证家庭安宁祥和的关键因素。

结婚不仅仅是男女两人的事情，还包括两者亲人之间的各种关系的叠加交错，所以就可能会有各种各样的家庭事务困扰着你，只因他们已成为你的家人，你就有为他们分忧解难的义务和责任。不少女人在刚刚接触这种环境时会有些手忙脚乱，其实，只要抓住了关键因素——爱，一切都会迎刃而解。妻子如果用爱来温暖这个大家庭，用真情维护家庭的团结和友好，就一定能和亲人融洽相处。

当然，在付出爱心时也是要讲技巧的。女人一旦选择了这个相伴终身的男人，就同时也选择了他的家人，这时就需要你爱屋及乌，接纳他们。在家庭矛盾中，聪明的女人都懂得其中的诀窍，就是尽量顺从，就算是表面上的，也可以维护家庭的和谐。

一个女人一旦结婚，身份会发生很大的变化，由原来单纯的一个人变成了多种角色的饰演者。妻子、儿媳、女儿、嫂子、弟妹……这么多的身份于一身，还确实有些难度。这个时候，女人们应该让自己冷静下来，用自己的智慧来处理各种角色之间的转换。婚后的生活一般都由琐碎的生活细节构成，而每个人的习惯和方式又不尽相同，妻子不仅仅会和丈夫发生矛盾，与对方的父母也可能会因为生活细节的不同引起冲突。此时，出于对长辈的尊敬和维护家庭的和谐，有心计的妻子就要学会暂时顺从。再者说，家庭中的那些事几乎都是一些鸡毛蒜皮的琐事，只要有一颗宽容的心和灵活的处事方法，就不会产生大的问题而影响家庭的和谐。

过度攀比会降低幸福指数

{ 过分虚荣破坏家庭和谐氛围 }

不少女人都有一个习惯，就是喜欢彼此攀比。特别是婚后的女人，她们更会相互攀比，老公都为自己买了什么，小到一朵玫瑰花，大到一颗钻戒，都会成为她们向朋友炫耀或回家和老公生气的资本。其实女人爱攀比并不是什么明智之举，因为无休止的攀比会使老公在众人面前失去自信和自尊，这对于一个女人来说是最大的损失。不仅如此，严重的话还会让老公认为你是一个虚荣心极强的女人，所以有心计的女人往往不会做出这样愚蠢的事。

潘亮的老婆康晨晨特别喜好攀比，一有闲暇时间就与一帮女人聚在一起，议论的话题永远都是你买什么了，我买什么了，或者是你这件东西花了多少钱，我这件东西花了多少钱等等这些琐碎的话题。好像钱的多少就能决定生活的质量，如果比不过别人，就觉得自己矮人一头。

康晨晨在机关上班，办公室里的几个女人总是比着穿衣服，而且还经常说是自己老公买的。一次，一位同事穿了一件羊绒大衣，大家问她在哪里买的，她得意地说是老公去法国出差时给自己挑选的。话一出口，真让办公室的其他女士们又嫉妒又羡慕。回到家，康晨晨一脸的不高兴，潘亮问她怎么了，她就把同事老公买羊绒大衣的事说了，言语中还夹杂着一丝对潘亮的埋怨，觉得人家的老公多有本事，而自己的老公却只是一个普通的工程师。康晨晨说完后，潘亮也有些不高兴了，因为自从结婚以来，康晨晨经常因为这些事与他产生口角，他劝说康晨晨不要和别人攀比，可是康晨晨却越来越生气，两人就因为这件事吵了起来。后来，潘亮一气之下，对康晨晨说："如果你觉得和我在一起过日子不幸福，不能得到你想要的东西，那我们分开好了！"康晨晨一听傻眼了，自己只不过说了一些抱怨的话，怎么老公这次竟然这么生气呢？从此，他们的婚姻也因此而步入长时间的僵局，全然没有了往日的欢声笑语。

从康晨晨过分的攀比中我们看到了女人普遍存在的攀比心理。生活中的大部分女人虽然没有她那么极端，但是这种攀比心理却是女人们的通病。有时候，女人无休止的攀比，会把男人们折腾得苦不堪言。

都说女人是城市的一道风景线，没有了女人，这个世界将变得暗淡无光，毫无情趣和生机。因此，没有女人之间的相互攀比，争艳斗奇，风景又怎会"亮丽"，世界又怎会精彩呢？但是，如果不根据自身的经济条件而盲目攀比，那就太过虚荣了。过分虚荣的女人会让使那些非"财大气粗"的男人精神紧张，压力重重，甚至不堪重负。同时，在攀比中女人正在一点点地消磨着老公对自己的爱，这样的婚姻必定是不可能幸福的。

{比来比去，别把幸福比没了}

婚后的女人总是热衷于与同事、朋友、同学以及左邻右舍做比较，特别是自己的闺蜜，如果自己生活不如人家，就很容易心理失衡，认为自己生活得不幸福。其实，每个人的生活在外人看来都是一道独特的风景，家家都有本难念的经，呈现给别人的总是光鲜亮丽的一面，也许你所具备的也是她恰恰羡慕的。其实女人们比来比去，无非是如下几个方面：

1. 比老公

认为别人的老公有成就，有本事，嫌弃自己的老公窝囊。殊不知就是这位你认为窝囊的老公给了你最平实的关爱和体贴，这也正是别人羡慕你的地方，你却不知道珍惜。

2. 比孩子

从怀孕开始，就比怎样胎教，出生喝什么奶粉，孩子大一点去几类幼儿园，读什么好学校，高考考上的是几本……女人们没有想到，在无休止的攀比中，比没了老公的自尊，比没了孩子的自信。

3. 比房子

当你终于把平房换成了宽敞的两居室时，却发现最好的闺蜜已经住进了别墅。于是你心里又开始陷入极度的不平衡，恨自己当初没眼光，嫁错了老公。其实只要今天比昨天过得好就是幸福，不要忘了"人比人气死人"的道理，人各有命，一时的富有并不等于一世的富贵，你又何必患得患失？

4. 比穿衣打扮

听说朋友花几百元做了个头发，花几千元买的化妆品，于是你也绝对不低于这个价地去做头发，买化妆品。总之，你一定不能比她差，当你陷入这种攀比的漩涡时，是否发现自己的内涵越来越少了？能够吸引老公的优点也越来越少了？

5. 比和老公的关系

有的女人凑在一起时，很热衷于讨论的话题往往是：老公如何听自己的话，在哪方面如何神勇，如何不好色……女人们拿出来炫耀的总是优点，不如人的绝不会拿出来示众。其实女人们比来比去只是想让自己在心理上占优势，增加自己的幸福感，可是这些无谓的比较已经降低了你婚姻幸福的指数，甚至会把幸福比没了。

总之，真正有心计的女人应该从实际出发，以自己的家庭情况为基础，只要现在比以前有进步，你就是幸福的。在属于自己的一番天地里活出风采和自信，这种幸福才是真实可靠的。

创建融洽的邻里关系

｛营造良好的邻里关系｝

邻里关系是人际关系中的重中之重，一个人如果处不好邻里关系，忙了一天的你回到家中，还面对与周围邻居闹得别别扭扭的局面，那种心情可不是滋味儿。相反，如果一个人回到家里，与四方邻居关系融洽，大家有说有笑，相互帮忙，这种其乐融融的氛围让每一位身在其中的人都会感到无比的快乐和放松，也会觉得日子过得非常的有声有色。其实我们想干事业，好多都是利用业余时间。因为我们的工作很少有能够与自己事业相同的。特别是对于女人来说，如果老公事业未成时，白天要上班，下班回家还要将业余时间投入到心爱的事业中，如果你平时处好了邻里关系，那么也许在关键时刻，对老公就会有一个很好的帮助。

老方有一位非常贤惠的妻子，平时与家人以及周围的邻居关系都处得不错，从没有让老方在这方面操过心，受过累。一次，妻子回老家了几天，老方本打算这几天凑合着过就行了，谁知两个远方亲戚突然夜晚前来拜访，可是家中的煤气也没了，也没有菜了，而且他一看米袋，连米也没有了，他这个急啊，正在他狼狈不堪时，旁边的邻居大妈拧下了自己家的煤气罐给老方提了过来，而且又把自己家里买好的菜送了过来，热情地让他先用着。老方不好意思，因为平时他上班下班，也没怎么和这位大妈说过几句话，大妈看出了他的想法，笑着说道："没事儿，用吧，我和你爱人可熟了，上次我生病了，孩子们又不在身边，是她去给我买的药，还给我做的饭，我非常感激她啊，你爱人真是个贤惠的人哪，我这点忙不算什么！"老方一听，心里也很高兴，心想自己能娶到这么好的妻子真是福气，于是他欣然地接受了邻居大妈的帮助。连他的两个远方亲戚也非常的感动，都说老方的邻里关系处得太好了。

所以说，以心换心，要想别人怎样对待你，你就要怎样对待别人，由于老方的妻子做好了家庭的对外公关工作，所以关键时刻，他们总是能够得到邻居的帮助。这种帮助并不是无缘无故的，而是因为自己平时首先做出了付出，才得到了别人在紧急关头的回报。在平时的日常生活中，一个人除了与亲人的关系之外，最近的就是邻居了，俗话说"远亲不如近邻"，所以聪明女人在持家的时候，一定不能忽视了邻里关系的重要性。

｛尊重、体谅和关心｝

作为一位持家的女人，怎样才能与左右邻居处好关系呢？首先就是要掌握好"三要素"。这三要素分为尊重、体谅和关心。只要你能做到这些，就会变成一个人见人爱的好女人。

尊重对方是处好邻里关系最基本的条件，邻居的职业有不同，年龄有长幼，地位有高低，文化有深浅，千万不能"看人下菜"，要以平等的态度去对待。早晚碰见时，热情地打声招呼；有什么事，尽量帮忙。对待邻家的孩子要和气，如果他们做错了什么，不要随意呵斥。这种尊重一定要发自内心，不可当面一副面孔，背后又是一副面孔。尤其要注意，不可在邻居之间说长道短，说别人的闲话隐私，这样最容易引起纠纷，造成邻居关系的紧张。

邻里间要相互体谅。不同的人有着不同的兴趣爱好和生活习惯，与邻居的相处一般是在平时的生活中，所以会牵扯到许多生活细节。只要你能做到处处为别人考虑，多体谅对方的困境，就会少给别人添麻烦，也不会因别人给自己带来的一点干扰就心存不满和抱怨。俗话说："人敬我一尺，我敬人一丈。"体谅别人所得到的回报必然也是体谅，而斤斤计较的心态必然会让人看不起，也会使你在邻里之间到处碰壁。

在尊重和体谅邻里的基础上，还要做到彼此关心。除了家人，在每个人的生活中，与邻里的接触是最多的，而且相处的时间也比较长，少则几年，多则十几年，如果你的住所不搬迁，甚至会相处几十年，所以更应该建立起深厚的友谊和感情。邻居家有了困难，应当积极地给以帮助；邻居家有了病人，应当尽自己所能地给以关照；长辈要关怀爱护邻居家的孩子，孩子们更要尊敬邻居家的长者……做到这种相互的关怀，邻里之情才能胜过"远亲"，甚至"亲如一家"。

当丈夫在外面为了家庭而奔波打拼时，有心计的女人往往会用更多时间来处理邻里之间的关系。一个聪明女人如果能与邻居之间相处融洽，就能更加巩固你负责的后方根据地的安全和稳定。

镇定应对"第三者"的"入侵"

{以智慧和爱打败情敌}

当越来越多的家庭出现第三者,平时温柔的女人一个个变成怨妇,并到处痛斥老公的背信弃义时,女人们是否能够反躬自省。你试想一下,是否一直以来,自己真的忽略了什么,或者在哪一方面做得不够好,致使老公失去了爱自己的感觉,失去了对家的留恋。记住,遇到了情敌,抱怨和吵闹是于事无补的,通过反思发现问题,改变自己才能真正留住老公的心,才能在第一时间挽回家庭。

男人在外面有了郝露儿,终于向老婆挑明了自己要离婚。妻子哭了,说离婚可以,但得答应她一个条件:给她一个月时间,在这期间男人早上每天要抱着她出家门。女人说:新婚时,你是把我抱进来的,离婚了,你再把我抱出这个家门吧,来和去都由你做主好了。男人答应了。

第一天,他们的动作都很呆板。因为已经有很久没有这么亲密接触过了。儿子从身后拍着小手说:"爸爸抱妈妈了"。妻在男人的怀抱里,轻轻地闭着眼睛。

第二天,他们动作随意了许多,男人发现女人光润的皮肤上有了细细的皱纹,怎么以前都没有留意呢?男人已有很久没有这么近地看过这个熟悉到骨子里的女人了。

第三天,妻附在男人的耳边轻声地说:"院子里的花池拆了,要小心些,别跌倒了。"

第四天,在卧室里抱起妻的时候,男人有种错觉,他们依旧是十分亲密的爱人,妻子依旧是男人的宝贝,而所有关于郝露儿的想象,都变得若有若无起来。

第五天、六天,妻每次都会在男人耳边说一些小细节,衣服熨好了挂在哪里,做饭时要小心不要让油溅着,男人点着头,心里的那种错觉也越来越强烈起来。男人觉得自己越来越不吃力了。妻在挑拣衣服,试了几件,都不太合适,自己叹了口气,坐在那里,说衣服都长肥了。男人笑,但却只笑了一半,蓦然间想起自己越来越不吃力了,是因为妻瘦了,她将所有的心事压在心里。那一瞬间,男人心里紧紧地疼起来。

儿子进来了,妻拉过儿子,紧紧地抱住,男人转过了脸不去看,怕自己将所有的不忍转成一个后悔的理由。从卧室出发，然后经客厅、屋门、走道，男人紧紧地拥着她的身体，感觉像是回到了那个新婚的日子，但妻越来越轻的身体，却让男人忍不住想落泪。

最后一天，男人抱起妻的时候，怔在那里不走。妻也怔怔地看着男人说："其实，真想让你这样抱到老的。"男人紧紧地抱了妻，对她说："其实，我们都没有意识到，生活中就是少了这种抱你出门的亲密。"

停下车子的时候，男人来不及锁上车门，怕时间的延缓会再次打消他的念头。男人敲开门，对郝露儿说："对不起，我不离婚了。"郝露儿不相信地看着男人，伸出手来，摸着他的头，说："你没发烧呀！"男人继续说道："对不起露儿，我只有对你说对不起。或许我和她以前只是因为生活的平淡而熟视无睹，并不是没有感情。我今天才明白，我将她抱进了家门，她给我生儿育女，就要将她抱到老。所以，只有对你说对不起。"郝露儿似乎才明白过来，愤怒地扇了男人一耳光，关了门，大哭起来。男人下楼，开车，去公司。

路过那家上班时必经的花店的时候，男人给妻子订了一束她最喜欢的情人草，礼品店的小姐拿来卡片让他写祝福语，他微笑着在上面写下：我要每天抱你出家门，一直到老。

这个故事非常感人。女人"低头"的条件是让男人再把她抱出门，可谓用心良苦。在男人有外遇的情况下，女人没有像其他女人面对男人背叛时通常的反应——仇恨和报复，而是用这种特殊的"低头"间接、巧妙地唤醒了男人心中的责任和沉睡的爱，可见女人对男人的用情之深，依恋之深，女人成功了。另一方面，如果一个男人在这样的情况下都不能唤起他的良心，那么这个男人也不值得留恋，也许女人正是在考验男人的反应。

俗话说：女人为爱而生，爱情与家庭是女人的全部。一个女人为心爱的男人生儿育女，给了他一个安稳温馨的港湾，让他安心地出去打拼，可是岁月悄悄溜走的时候，女人才猛然发现自己已经没有当初那么漂亮，额角上不知什么时候已悄悄爬上了皱纹，当初的小姑娘已经变成了如今的黄脸婆。如果此时出现了感情危机，女人就会心理严重失衡，抱怨、仇恨、不平会让她决不妥协，可是这样的结果只能导致感情的彻底破裂。男人更不会读懂她内心的真实所想，反而会觉得情已尽，茶已凉。

聪明女人的"低头"与"退让"，会让男人懂得责任、怜惜与愧疚。也许这就是女人给男人的一份情感大礼，这样的礼物会渗入男人的灵魂，让他倍加珍惜，陪你到老。做一个智慧的女人吧，让男人读懂自己，这正是女人的可爱与伟大。

三招让情敌望而却步

男人一般都不喜欢饰品，女人则比较喜欢，因为注重细节和天生爱美的女人知道，饰品不仅可以为自己带来美丽，而且还有着特殊的象征，比如带上了结婚戒指，就表示自己已经结婚了，生人勿近。所以，女人可以利用饰品的这些功能让情敌自动退后。

对于那些对你老公有所觊觎，并没有过深接触的女人，也许她们使你老公一时有些意乱情迷，不忍心对她们说出绝情的话来。这个时候，你就要先下手为强，以此来捍卫自己的婚姻，但是切忌不可让自己成为男人眼中强悍的泼妇，所以就要用一些高招和技巧。

高招一：多为老公准备温暖的粉色系衣物。

几乎一半以上的男人的精神面貌是凭外在的衣着表现出来的，假如看到一个全身被温暖色调围绕着的男人，会让那些爱慕他的女人感到他已经拥有了甜蜜的爱情。这些温暖的粉色系衣服会让他更接近于恋家的男人概念，他全身所反映出来的信号是：我很幸福，而带给我幸福的女人并不是你！如此一来，这种信号所散发出来的意味就会使你的情敌以及想靠近他的女人望而却步。相反，如果一个穿着冷色调服装的男人更易让女人感到他对幸福的渴望，这种信号很可能就会被女人当作是爱的信号。相信每个女人都不会把老公拱手让人，所以最好鼓励他多穿暖色系的衣服，并且告诉他，一身暖洋洋的他在你眼里是最性感的！

高招二：强迫他永远戴着婚戒。

男人对于首饰的态度与女人是完全不同的，大部分男人都认为首饰是无关紧要的东西，哪怕是结婚戒指他心底也会这么认为。但是，女人可不要这样想，因为如果你强迫他一直佩戴着婚戒，就会警告那些对他心怀不轨的女人：瞧，我们的婚姻非常幸福甜蜜，你永远都没有机会了！这样一来，那些有想法的女人们就会自动退却。

高招三：在他的车里放上你们两个人亲密的合影。

可以说，每个女人当看到自己心仪的男人和其他女人的亲密合影时，大多都会选择主动放弃。因为在爱情的世界里是排他的，三个人的爱情结果注定是苦涩的，这一点你明白，你的情敌也当然清楚。

总而言之，有心计的女人对待情敌的最好办法，就是无形中表现出两个人非常相爱。仅仅这种深厚的感情就足以使情敌胆战心惊了，更何况是你们的婚姻？所以说，面对第三者，聪明的女人不要自乱阵脚，一定要有自己作战的战术，你才能在"游戏"的最后赢得一切！

完美婚姻不是等来的

{ 对自己有要求，才能获得更好的婚姻 }

完美的婚姻可不是坐等来的，女人要懂得一定的招数，才能让幸福之神降落在你家：

1. 无论是能力还是容貌，女人都要努力让自己更出色些

有句著名的广告词："认真的女人最美丽。"人都有权力自己选择生活方式，但无论你过得是哪种生活，一定要认真。这样的女人即使不是天生丽质，她们身上也有一种自信而从容的美丽，这样的美才能长久，才能得到男人的珍惜和欣赏。而那些玩弄生活、玩弄男人的人，最终也会被生活所玩弄。

2. 对自己有要求，对女人没要求的男人才是好男人

如果女人遇到了一个对工作得过且过，却对你有着诸多要求的男人，还是对他敬而远之吧。因为这样的男人婚后很可能会变成"毒舌男"，女人需要的是被自己的丈夫尊重。如果还没有结婚，那个男人就对你呼来喝去的，那么，这样的男人并不是一个好的结婚对象。

3. 嫁人最主要看人品和性格

两个人有着相似人生观和价值观，是和谐婚姻生活的保障。假如因不同的个性导致两人平常就说不到一起，即使你们是一对金童玉女，也不能结合，毕竟你的一生中大部分时间是要与他一起度过的。

4. 一开始就说配不上你的男人，以后他永远都会配不上你

如果你比较出色，遇到了看似是潜力股的男人，于是你为他改变自己，付出全部。他因此觉得你对他太好了，他的学历、金钱、能力、地位、相貌等等都配不上你，这就表明他缺乏自信，只能靠你的屈就才能与他交往，你们今后的婚姻也不会好的，因为你的出色只会令他更加自卑。

5. 托付终身前，要看一看他的家人

要看他的家庭是否和睦,亲人之间是否关心礼让。假如一个家庭中男人打女人,却没有人过问,视而不见,那么你很可能也会受到这样不良习惯的侵扰。当然,几乎每个家庭都是有缺点的,但是要问清自己男友的态度,如果他的态度也是如此,今后对你的尊重也是有限的。

6. 对自己和女友不舍得花钱,这样的男人没情趣

对自己手松,对女友手紧的男人一定是自私的,绝不能嫁。金钱是最能看出一个男人本质和感情的东西,虽然谈恋爱不是谈钱,但如果他在钱上让你感觉不对,就得想想他是否是你要嫁的人了。恋爱时,若见面就说要AA制,这样的男人太精于算计,也怕吃亏。在未来的婚姻中,一遇到需要人牺牲的地方,他保证会最先跑掉。

7. 打人的男人绝对不能嫁,被打一次你就要快刀斩乱麻——分手。花心的、脚踩几只船的男人也绝不能要,发现一次一定要分手。

8. 恋爱中女人要有自己的底线

不能因为爱他而放弃自己的尊严,侮辱自己的父母,抛弃自己的工作。因为好的婚姻一定是双赢的,并不是一方的牺牲和成全为代价的。

9. 遇到自己心仪的男人要勇敢去追求,因为单恋是没有任何结果的,也会使自己独自伤心。

不要小看以上九条,聪明的女人只要能铭记于心,就一定会获得完美的婚姻!

{不过于执着,勇敢面对}

1. 有话明说

心里有什么想法最好说出来,让男人知道,不要总是让他去猜。因为没有一个男人以猜测女友心理为乐,完美的婚姻需要良好的沟通。

2. 不要一开始就在男人面前表现贤惠

假如他对你的付出不知回报,接受得心安理得,那么他很可能是大男子主义者。假如时间长了,你松懈了,做得没有起初好时,他会很受伤,认为你骗了他或是你不爱他了。

一开始,你在表达爱意时一定要有分寸。留下空间给他表现的机会,让他为你做些事。男人对自己付出的东西印象比较深刻,他为你做得越多,对你就会越留恋。

3. 当断则断

如果你的男友一错再错,你还不离开他,就是你的问题了。无论什么理由(比如"和他在一起N年了","他是我第一个男人","我为他流过N次产了","我

为他付出了……"，"我已经……岁了"），这些都不是你忍受和一个不善待自己的男人生活在一起的理由，所以当断则断，不留后患。

4. 为爱而爱，不是为了漂亮的婚礼或奢华的生活而爱

年轻的女人容易陷入虚荣而被其蒙蔽，可是在真正的婚姻中，那个能在夜里给你盖上蹬掉被子的男人才是值得托付一生的男人。

5. 要珍惜真正爱你且对你好的男人

能够以对你有益的方式爱你，而不是纵容你，也不是以爱你的名义束缚你，这样的男人不多，遇到了一定要珍惜。年轻的男人往往会以纯真的方式爱女友，可能不成熟，却是真的，所以不要轻易放弃。以后在社会上历练多了，你才会明白一颗真心有多么宝贵。

6. 一切都来得及

在这个世界上，不是所有的男人都有"处女情结"，也不是所有的男人都在乎你的过去或是你的年龄学历，在很多完美的婚姻中，男人爱的是自己女人的笨、天真、圆圆的身材，或是嘴角的那颗痣。你受过的伤，他会倍加疼惜，因此，你要像金三顺那样勇敢去爱，就像没有受过伤一样。

7. 不要一开始就付出自己的心

无论是好男人还是坏男人在追求你时，都会关心你，时常给你发短信，在你生病时照顾你。虽然这足以令人愉快和感动，但也不要马上就陷进去，想一想，看一看，再做决定。一般四个月的接触足以让你了解他（网络接触不算）。比如你可以与他一起吃饭、逛街，一起做些事情，这样才能更深入地了解他。你过得快不快乐自己知道。

8. 爱他，就接受他的现在，别幻想改变他

若他能改掉毛病最好，但是一般来说，一个人要想改掉自己的缺点并不是一件容易的事，那么你就想一想，看是否可以接受。因为婚前的每一个缺点，在婚后都会被放大。比如他吸烟，而你又爱他，就尽量接受吧，婚后戒烟的男士太少了，其他缺点也是一样。

9. 一般来说，30岁以上的男士的生活习惯、方式都已固定，因为一个女人而改变的可能性已经不大了，所以你最好还是去适应他，而年轻点的男人比较能够为心爱的女人改变自己。

所以，聪明的女人趁现在还年轻，不要对某些事情太执着，勇敢面对，你才会赢得完美的婚姻生活！

想方设法提前避免感情亮红灯

{ 让婚姻走向破裂的信号（之一）}

很多时候，女人总是当婚姻亮出"红灯"时才开始反省。但是一些有心计的女人，早在婚姻的路途中已经想方设法提前避免遇到"红灯"的情况。

一个女人要想让自己的婚姻不遭遇"红灯"，就一定要维持好夫妻的感情基础，如果没有了感情基础，再坚固的婚姻城墙也会崩塌。而之所以感情一点点地消失，就是因为婚姻中你们之间存在的一些行为导致了感情的淡漠，它们就是导致你们婚姻走向破裂的危险信号。

1. 如果你认为对丈夫百依百顺就能维持美满的婚姻，那你就错了。如果一个女人总是百依百顺，时间久了会让他认为自己是在与头脑简单的人生活，甚至认为你是个无知和不分是非的人，他很可能会因此而离开你。

2. 如果你的丈夫是成功人士，可是你现在的不思进取已经让他感到与你的距离越来越大了，于是开始疏远你。他随着事业的发展，眼界更加开阔，观念在不断更新，而你却一直在原地踏步。久而久之，你与他之间就会没有共同语言了。

3. 家是安宁的避风港，需要双方的互助协作。假如双方都改不了娇生惯养的习惯，那么你们就该好说好散了。

4. 如果你事业有成，无意间将高傲的情绪带进了你们的婚姻，你颐指气使，在家庭中处理任何事情都不听取和尊重他的意见，那么你这样做的结果只有将你们的婚姻推向破裂。

5. 不给他性爱是女人最愚蠢的做法。发生矛盾时，女人以不给性爱相要挟，可是对方并不会因此而屈服，反而会为你们今后的夫妻生活造成一些难以跨越的心理障碍。

6. 像个侦探一样探听他的举动，他一晚回家，你就盘问个不停，随时打电话到办公室查岗，甚至他和异性多说几句话也醋意横生，这样下去你们的感情肯定要让你折腾出问题。

7. 不尊重他的家人。每个人都不是一个单独的个体，他们都有自己的亲人。如果你对他的家人、朋友冷冰冰，在这些人面前给他拆台，结果只能使你们的感情迅速恶化。

8. 盲目攀比，过分苛求。作为他的另一半，你应该多支持和鼓励他。盲目地与别人攀比，只会令你的爱人在你面前丧失自尊和自信，致使你们的感情也受到不良影响。

9. 不修边幅的你只会把他推向外面漂亮女人的怀里。不要以为在自己的家中，反正除了他也没人看自己，就不再注重个人的形象和修饰，整日邋里邋遢。那么他的眼光就会投向外界寻找美丽，到时你后悔也来不及。

10. 不要只顾照顾孩子。如果因为孩子的出世，而忽视了与他的情感交流，终有一日，你会发现除了孩子，你已经一无所有。

聪明女人一定要熟知以上十点，不要不以为然。俗话说"有则改之，无则加勉"，一定不能等到一切无法挽回的时候，才学会回首。

｛让婚姻走向破裂的信号（之二）｝

一个有心计的女人整天都在想着怎样使婚姻美满幸福，她们洞察于细微才发现，原来让婚姻走向破裂的信号还有很多，比如：

1. 经常有矛盾和冲突

当女人经常为一些小事和男人吵闹时，男人就会产生一种"惹不起，躲得起"的心理，这时，二人还有什么感情可言，留下的只是相互地厌烦了。

2. 不放过老公的过失

男人有时容易犯一些错误，比如"婚外情"。他很可能因为一时头脑发热或是为了追求一时的刺激，如果他已经认错并已改正，你还是不依不饶，或者总是旧事重提，不给他留一点改过自新的余地。如此一来，你们的感情当会受到不小的影响，永远也无法恢复到以前了。

3. 拿现在的老公与"旧爱"相比

在感情上，男人女人都有一种心理，就是失去的才是最好的。当婚姻中双方出现矛盾时，女人就会把"旧爱"加以美化，与现在的老公相比，自然是越比越对老公失望。长此下去，你对老公的感情就会越来越淡漠。假如老公知道了你的心事，他更会因受到伤害而致使你们的感情更为淡化。

4. 看不上自己的老公

据心理学家调查，有九成多的夫妻给予对方的评价低于婚外人士的客观评价值。由于女性天生爱挑剔和攀比，在这一点上表现更为显著。如果你看不上自己的老公，其实就已经为你们的婚姻制造了一颗随时都可能爆炸的定时炸弹。

5. 没有真正了解老公

女人一旦结婚，就认为自己已经把老公了解清楚了，其实很多时候这只是一种自以为是，有的男人表面看上去很坚强，其实他的感情却很脆弱。当他在工作中遇到挫折时，正需要妻子的理解和安慰，可是此时妻子由于没有深入了解他，却出去逛街了，临行前还说："晚饭我不在家吃了，你到外面凑合吃点吧。"她不知道，正是她这个无心的举动，却令男人彻底寒心。

6. 与老公没有共同的兴趣

有些女人有着很强的"控夫欲"，对于老公的一些爱好横加干涉，试想，没有共同爱好的夫妻自然会少了一些共同语言，情感又怎能得到深化？

7. 一些合理的习惯磨损了感情

在生活中，有些合理的习惯有时候会影响夫妻的感情。比如在人们的传统观念里，男人是赚钱的"主力军"，女人则是花钱的"主力军"。但是在社会日益竞争激烈的情况下，钱越来越不好挣，若此时女人不了解男人赚钱的辛苦，仍然不改往日的习惯去大手花钱，买东买西，就会在无形中影响夫妻的感情。

8. 虽然"平平淡淡才是真"，但也不能过分追求

虽然"平平淡淡才是真"，但是在平淡中，往往会将矛盾回避掉，或隐瞒了真实的情感。有一对夫妻，由于妻子的家庭背景很好，老公因为沾了她家的"光"，所以就对妻子百般迁就，妻子并没有发现老公内心的压抑。久而久之，老公由于心理扭曲，竟丧失了性功能，夫妻的感情也走到了终点。所以，表面上看似平淡的生活，其背后却是危机重重，所以在感情的世界里，平淡不是婚姻长久的保健品。

每位婚姻中的聪明女人最好树立起一种危机意识，警惕这些隐形的感情"杀手"，争取把它们消失在萌芽状态，所谓要"防患于未然"，记住要与老公之间多沟通交流，想方设法地增进情感，这样你才算是一个有心计的合格妻子。

婆媳亲密相处有道

过去人们经常说"多年的媳妇熬成婆",这句俗话放到现代社会已经不适用了,虽然现代的婆媳关系比起从前来说应该更为好处,但是这种新型的婆媳关系仍然需要作为媳妇的你讲究一些策略和智慧。要知道,如果与婆婆的关系搞好了,和婆婆建立起亲密的情感,你和老公的小日子又怎么不会甜蜜长久呢?

{ 聪明媳妇与婆婆的巧妙相处之道 }

对于不同的婆婆,作为媳妇的你要变换不同的招数。在此介绍一些与婆婆的相处之道:

"爱屋"要及"乌"

你可以把老公当作一只小乌鸦,而婆婆就是为小乌鸦挡风遮雨的老房子。你看上了这只"小乌鸦",但是他却是老房子几十年倾力呵护的结果,如今你来享受这个胜利果实,又怎能一来就上房揭瓦呢?当你建立了这样的观念时,就能够对婆婆产生一种感激之情,进而就会从细微之处关心体贴婆婆,而且心中也不会再刻意地要求她如何如何心疼你了。这样你们之间的关系很容易就相处融洽了。

看法与做法分开

葛叶蓉给她的闺蜜讲婆婆是怎样给她穿小鞋,怎么离间她与老公的关系,怎么心胸狭窄、小市民……可是有一次闺蜜到葛叶蓉家一看,她和婆婆之间有说有笑,相处得非常和谐愉快,于是闺蜜很奇怪,就问葛叶蓉是怎么回事,她笑着说:"看法归看法,做法归做法。对婆婆就是有了天大的意见,我也当她是丈夫的妈就是了。"所以,一个聪明的女人如果对婆婆有了意见,就不要在婆婆面前表现出来,还是要照常地尊敬她,孝敬她。比如就算你觉得她烧菜水平还在你之下,你也可以装着向她请教她的拿手好菜的做法。遇到困难时也别忘了征求一下她的意见,学不学听不听在你,关键是让婆婆获得一种心理平衡,她今后也会少制造一些麻烦。

永远和婆婆站在一条战线上

"永远和婆婆站在同一战线上"这一招非常灵,这是婆媳关系中的一项重要原则。一般来讲,婆婆总是在意识中把媳妇看成是"编外人员"。为了使婆婆从心底里接纳你,就要给她不断输送一些"迷魂汤",使婆婆感到你比她亲儿子还向着她。所以说,在你、老公和婆婆相处的过程中,任何无伤大雅的问题你都要保证是婆婆有理、婆婆正确。比如坚决拥护婆婆的营养方案,坚决不让富态的婆婆吃减肥药。做个马屁精并不难,可以为你和婆婆之间培养一种亲近、融洽的气氛,使她感到你是她坚决的支持者和"心腹",更是她家庭势力中的铁杆拥护者,此时她自然把你纳入家族中不可缺少的一员了。

不妨演一些肉麻戏

注意,这里可不是讲在婆婆面前你和老公的亲昵。相反,这可是为人媳妇最忌讳的一点。如果你与婆婆没有住在一起,你可以与老公一起在婆婆面前合演一些戏,让婆婆看到你对她的宝贝儿子是呕心沥血,什么好吃好用的,你都先给你老公,从不与他抢,什么家里家外的活儿你总是抢着干。哪怕肉麻一点、夸张一点都没关系,主要是让婆婆得到心理上的满足,之后她反而会转过来心疼你,怕你营养不良,辛苦劳累,甚至主动帮你做家务。有一天,婆婆还会忍不住把你拉到身边,心疼地说:"你别把他惯坏了,让他自己动动手啊!"

这样的女人就是智慧的女人,更是有心计的女人,她们的生活将会沉浸在一片幸福之中。

{讨婆婆欢心的"狡猾"招数}

在日常生活中,媳妇和婆婆有着不少的接触,作为老公生命中最重要、最尊重和最感恩的一位女性,媳妇一定要学会怎样讨婆婆的欢心,这样才能更加增进你和老公的感情。

替老公圆场

可以时不时地、甚至无中生有地帮老公"转达"他对母亲的无限爱意。我们都知道，母亲对儿子就是一生的奉献，她不会计较自己要得到什么，让她把心掏出来给儿子她也愿意。但是男人往往非常粗心，经常口吐狂言或笨嘴拙舌。所以，作为媳妇的你此时最好的办法就是陪婆婆一起忆苦，听她讲儿子养得多么不容易，陪她思甜，她的儿子是多么争气孝顺。这时婆婆心里就会得意和舒服一些。因为你并没有抢走她儿子，由于你的体贴反而让她多了一份照应。

不要太较真儿

过日子都是一些鸡毛蒜皮的小事，没有什么事大到要拿到桌面上来讨论的。因为家庭是重情不重理的地方，所以不要在生活上太较真儿，什么事都要弄得明明白白、清清楚楚。当然，家事也有对错之分，但是没必要非得弄出个所以然来。婆婆说太阳是从西边出来的，你就说对，你心里明白是从东边出来的就行了，不要当面纠正她，让她下不来台。婆婆可不想在媳妇面前丢面子，你要了解她的心理。

告状要巧妙

不要在婆婆和老公的两边说坏话，因为自己的孩子自己怎么骂都行，但决不允许别人说自己孩子的不是。因此在婆婆面前，就算你开老公的玩笑也要把握度，免得自讨没趣。假如你和老公吵了架，婆婆劝你、数落他时，你只需含泪点头，千万不要毫无心机地控诉起来，这样反而会在你们婆媳之间埋下不快。还有，就是千万不要在老公面前中伤她的母亲。

礼物重需不重贵

送给亲人的礼物不需要过于贵重，但是一定要是对方非常需要的，这样可以表示出你是用心观察到别人的所需。对于婆婆，送她一些小礼物是你们之间的一种必需的润滑剂。但是如果送大了，她会说你不会过日子，送小了她可能要说你小气。人与人之间的亲情是不能用钱来衡量的，所以，只要你用心，你就能够发现什么东西能够送到婆婆的心里。

比如说，婆婆虽然年龄大了，但爱美之心人皆有之，不妨送她一管她自己不好意思买，但又一心向往的口红。你送的时候一定要坚持为她抹上，让她照镜子，然后赞不绝口，她一定会印象特别深刻，更会非常开心快乐。你还可以记下她最爱吃的食品，不时给她个惊喜。不需要非得在节日才送礼物，随时随地想着婆婆的需要，更能打动她的心。

适当示弱

我们都知道在旧社会，媳妇往往要受婆婆的气。如今时代不同了，她儿子好不容易把你追到手，你的地位在他心目中如日中天。可相比之下，婆婆却正相反，所以她才会把你视为"竞争者"。如果她和你处处计较，就是心虚导致的敏感，是她不肯示弱的表现。所以你不妨照顾一下婆婆的情绪，就算遇到明明是婆婆做得不好的事情，你也没必要跟她逞强，表现一下你已经服输，让婆婆顺心，一般情况下她也就不会总是挑剔你了。

有心计的女人，在婆媳关系上会处理得非常游刃有余。聪明的女人不会害怕被婆婆欺压，因为她们知道，只有用心，才会在征服男人的同时，也征服他的亲人。

把特殊的交流方式
——吵架用到好处

{ 不吵没用的架 }

在夫妻相处过程中，我们往往可以发现这样一个有趣的现象，就是许多夫妻争吵到最后，妻子怒气冲冲，丈夫却莫名其妙。比如当妻子在工作中遇到烦恼，回家闷闷不乐时，粗心的丈夫好像没有看到一样无动于衷，妻子就会觉得更加伤心。因为妻子认为：如果他爱我，就一定会看出我的需要！而丈夫的想法则是：她怎么总是这样无理取闹？在这种情形下，二人就会产生吵架的趋势，其实妻子更多的是想借吵架发泄心中的怒气。假如她没有把真实的想法说出来，或没有意识到自己真实的想法，这样的争吵就会不断重复上演。

如果一对沟通有方的夫妻，他们不但不会因为吵架而吵淡了情感，反而会利用吵架达到更深入的沟通，增进彼此的了解。如果陷入"消极"的吵架之中，双方只会钻进无谓地为了"争一口气"的牛角尖中。这种没有目的，纯为意气的争吵，除了双方都会受到伤害之外，没有任何益处。所以那些经常会怒火冲天的女性，在夫妻生活中最好能学会并懂得"示弱"的道理。

朱晓洁下班回家，疲惫地她发现厨房非常的脏乱，而丈夫却在沙发上悠闲地看着报纸，她心里一下子涌起一股无名火，刚想朝着丈夫抱怨："你怎么这么懒，回家也不知道打扫一下厨房！"可是话到嘴边，她又硬是咽了下去，因为她觉得这样只会让事情更糟糕。甚至会延伸成一场争吵，丈夫也会非常反感。于是她拿起笤帚开始扫了起来，可是丈夫还是坐在沙发上看着他的报纸，她又想抱怨说："难道你看不到我在忙吗？"但是她还是没有这样说，她换了一种方式，对丈夫说道："你能和我一起打扫厨房吗？"这时丈夫才发现她正一个人在厨房忙活，而男性天生就有乐于"讨好"女性的一面，所以也更愿意满足妻子这样的"请求"，而朱晓洁的目的也就轻松达到了，本来很可能爆发的一场夫妻大战就这样消失了。

其实就算再恩爱的夫妻，也会有发生矛盾的时候，吵架本身不是问题，关键是怎么吵架。首先，夫妻双方要建立起吵架就是增进彼此深入沟通的特殊手段和机遇，要珍惜每次吵架背后的价值，这就是所谓的"不吵没用的架"；其次，要对事不对人，在吵架时要注意技巧，不可只图坏情绪的发泄，可以变"吵架"为"争论"；第三，在吵架用词时多以"我"开头，少以"你"开头。比如，针对矛盾点时，可以说"我今天为这件事情感到很生气很郁闷"，而不要说"你怎么这么笨！这点事情也做不好？"；第四，在争吵过程中，要采用情绪发泄和理性分析相结合的方式。吵架时可以让负面情绪发泄出来，不要憋在心里，但是吵完之后两人要坐下来冷静分析，说出自己的真实感受，双方要理智地倾听对方，不要再以吵架的方式讨论问题。

每一个智慧女人，都有自己的生活之道。不要小看吵架，小吵则产生矛盾，巧吵则增进感情，就看你怎么运用"吵架"技巧了。

｛夫妻吵架也是交流｝

"大吵三六九，小吵天天有"的夫妻算不上感情好夫妻，但从不吵架的夫妻也不一定就是恩爱夫妻。因为在现实的家庭生活中，肯定避免不了矛盾和困难，男女双方的成长经历、生活习惯、文化水平、社会地位、对子女教育态度、对双方父母的照顾、性生活问题以及不同的价值取向等各个方面都可能成为夫妻之间的矛盾点。

家庭矛盾是每个身在其中的人都不可能回避的，有矛盾就会有斗争，其实夫妻相爱一生的过程也是"战斗"一生的过程，所谓"不是冤家不聚头"。既然能够认识到争吵是夫妻不可避免的一项内容，那么就要将注意力放在怎样让吵架成为一种利于夫妻生活的调节剂。不要将吵架视为洪水猛兽，正像天晴久了下一阵雨一样的自然。当然，夫妻之间应该凡事相互商量，多作自我批评，加强情感沟通。但生活中琐碎的事情太多了，夫妻关系也不可能总是维持在这样一种比较高的境界，而且人的本质也有不少的劣根性，夫妻之间有时也是"欺软怕硬"的。比如丈夫有酗酒，通宵打牌的毛病，在妻子的劝说下还是不见改观，此时吵架就成了一种必然的选择；妻子晚上总喜欢去歌厅、舞厅等场所追求享乐，丈夫规劝多次不听，吵架当然就成为必然结局。在这种情况下，因为吵架有着浓重激烈的"火药味"，可以对对方产生较大的影响和震动，为对方敲响警钟，可以使对方的行为有所收敛和约束，唤醒他的责任感，所以有时候吵架也是一种有利于维护婚姻的特殊的沟通方式。而当利用吵架这种方式维护家庭时，要遵守一定的"游戏规则"，不可为所欲为。

"君子动口不动手"，千万不可出现家庭暴力；吵架时即使再生气也不要揭对方的老底和"疮疤"；不要在公共场合吵架，不要在双方单位吵架，或在对方领导面前告状；不要寻求其他亲人的援助，不要让双方的父母和兄弟姐妹及子女也参与进来；及时结束"战斗"，不要搞成马拉松式的斗争；相互妥协，不让"战争"一再升级，放下架子和面子，假如是自己错了，要向对方真诚道歉；吵架时还可以夹杂着"糖衣炮弹"发出情感攻势，可以起到事半功倍的效果。如果架吵得有水平，反而在吵架过后，夫妻的负面情绪得到了宣泄，会变得更加亲密，就像雨过天晴一样。

总的来说，有时吵架也是夫妻间的一种交流方式。有心计的女人，会把这种特殊的交流方式做得恰到好处，所以只有在生活中用心的女人，才会生活美满、事事顺心！

第七辑 扩展人脉，建立良好的人际关系

交际是一种能力，更是一门艺术。在这个依靠合作才能制胜的社会，一个女人是否具有良好的人际关系，直接决定了她的工作成功率与个人幸福达成率有多少。因此，女人若想获得更有意义的生活，获得更广泛的人脉，获得更有价值的人生，就必须深谙交际中的艺术，必须掌握交际中的"心计"。唯有如此，才能成为社交场合的超级人气女王！

初次印象尤为关键

{ 第一印象是社交成功的前提 }

撒母耳说："你给予别人的第一印象通常是最重要的。"其实，这也就是人与人之间社交成功的前提。

对于一个女人来说，第一次与某个人见面谈论事情的时候，最初接触的十秒钟可能就是最重要的，它将会成为对方对你的第一印象。如果你在第一时间给人留下了良好的第一印象，你就会在成功的社交中体会到它的奥妙。

在人的一生之中，经常与人接触是不可避免的事情，既然第一印象成了社交中成功的前提，那么我们该怎样树立起良好的第一印象呢？从一定程度上来说，首先要做的就是说服别人，并且赢得别人信任。

当你走进一个新环境的时候，譬如参加面试或者是与某人第一次打交道的时候，常常就会听到朋友们这样的忠告："要注意你给别人的第一印象噢！"而这里的"第一印象"，其实就是指当别人在了解你的过程中，在他心里对你产生的最初评价。其实，我们每个人都应该注重自己在别人眼中的第一印象。因为，它可能会在今后很长的一段时间内，都影响着别人对你的看法。

曾经有一位心理学家做过一个心理测验，他设计了两段文字，都是描写一个叫吉姆的男孩一天所做的活动。其中有一段是将吉姆描写成了一个活泼外向的人：他和朋友一起上学，和熟人聊天，并且还和刚认识不久的女孩打招呼等；而另外一段则是将他描写成了一个很内向的人。心理学家就让一些人先阅读了描写吉姆外向的文字，再去阅读描写他内向的文字；同时让一些人先去阅读描写吉姆内向的文字，然后再去阅读描写他外向的文字。最后，请所有的人都来评价吉姆他的性格特征到底是怎样的。结果，先阅读了外向文字的人中，有78%人都评价吉姆是热情外向的孩子，而先阅读了内向文字的人，则只有18%的人认为吉姆是热情外向的。

其实，由此我们就可以看出，在人们不知不觉的意识中，很多时候，都会倾向于最先接收到的信息，以此来形成对别人的印象。所以，一旦人们对你形成了某种第一印象，在一般情况下，这都是难以改变的。并且，人们还会寻找更多的理由去支持自己认定的这种印象。有的时候，虽然你表现的特征并不符合最初留给别人的印象。但是，人们却还是会在很长一段时间里都坚持着自己最初的判断。因此，我们在与人交往时，要特别注意留给别人的第一印象。

一个懂得把握好第一印象的女人是聪明的，她就是交际中的高手。因为，往往别人对你下结论的时候，其实就在一瞬间，你的一个动作，一句话都有可能会变成别人在看到你时对你第一印象的整体评价。

所以说，与人交流的过程中，真正能够抓住展现自己的也只有短短几秒钟的时间而已。短时间内形成的第一印象，就决定了你整体社交的成败。想要做社交中的佼佼者，想要做别人面前的闪光女人，那么就请记得把握好你给人留下的第一印象吧。

{ 第一印象就是效率 }

其实，在现实生活中，善于观察的女人会发现，社交中第一印象是非常重要的。或者说，第一印象就是沟通的开始，人们对某个人的第一印象，往往就会影响着他以后对此人的看法以及感情。

所以，当我们遇见一个人的时候，我们会在无意识的情况下，就对他产生了一个印象，而这个心理过程就叫作知觉。由于它是针对人的，所以才称之为"人际知觉"。平时我们所说的"偏见"，它产生最初的原因也就是来源于"第一印象"。

无论什么情况下，"第一印象"都会深深地影响着人们互相之间的关系。譬如在和别人交朋友的过程中，第一印象就会显得很重要，如果第一印象不好，自然就很难在一件事上达成共识。

由此可见，在人际交往中，人们很难避免被第一印象所左右的现象发生。因此当我们在与别人初次交往的时候，就一定要尽可能地给对方一个好印象。

心理学家通过研究发现，人们心中所形成的第一印象都是非常短暂的，也有人认为它只是见面的前40秒，甚至有人认为它只是短短的两秒就够了，就有可能被下完定论了。有时也就是这几秒钟却会决定一个人的命运。因为在生活节奏紧张的现代化社会，很少有人会愿意去花更多的时间深入了解，或者是旁观佐证一个留给他不美好第一印象的人。

或者，我们也可以毫不夸张地说，第一印象就是与人交际，就是效率，更是经济效益。它要比第二次，或者是第三次的印象以及日后的了解都要重要得多。而在很多时候，人们是否能够继续交往，这于第一印象的好与坏都有着千丝万缕的联系。

曾经，美国勃依斯公司的总裁海罗德也说过："因为，有大部分人都没有时间去了解你，因此他们对你的第一印象就会显得尤为重要甚至是非常重要的。如果你给人的第一印象很好，那么，你才有可能去开始第二步。如果你给别人留下了一个不良的第一印象，在很多情况下，我们也都会相信第一印象基本上是准确无误的。而对于寻求商机的人来说，一个糟糕的第一印象，也就等于失去了一个潜在的合作机会，这种案例数不胜数。所以，你必须要花费很多的时间才能够抹去给人很糟糕的第一印象。"

或许有人会认为"第一印象"就是人们的意识偏见，但在实际的社交过程中，第一印象就是实现良好沟通的价值所在。俗话说："人逢喜事精神爽"，这在很大程度上也会给人的思想造成误导。当一个人处于这种兴奋状态的时候，他眼里一切事物都是美好的，那么无论是看人或看物也都会以一种乐观、愉悦的心态去看待。这说明了主体状态会影响到本人对知觉对印象的判断，这就是一种偏见。人们往往会以一个人存在的某种品质为出发点，来推理这个人，那么，自然就会造成"以偏概全"的偏见。因此，防止和消除偏见其实就是一件不太简单的事情。

所以，一个聪明的女人，如果想要避免别人对自己第一印象存有偏见，就要尽可能地去多做一些有利于避免出现偏见的事情。首先要想得开，做到豁达。同时，还要加强自身的思想修养，这样才能掌握辩证的思维方法去看待别人，在给别人留下美好第一印象的同时，也能让对方有同样的感觉，这对双方都是有利的。

隔帘看花 更动人

｛朋友之间，仍要"有"距离｝

有一个非常有哲理性的词叫"物极必反"。它告诫我们，即使是朋友之间也要懂得保持适当的距离。在我们的生活中，任何超过尺度的东西都有可能与它的意图相悖。

懂得保持适当距离的女人，是聪明的女人，也是懂得释放自我魅力的女人。一旦距离过近，便失去了女人特有的朦胧美。有时，甚至因为过往甚密，反而很容易出现裂痕。一个懂得把握适度的女人，才能将朋友之间的友谊变成为永恒，将恋人之间的爱长久保鲜。

为什么说朋友之间要保持距离呢？这是因为每个人在文化、道德、性格上，或者是处世态度上等都会存在很多差异，而这种差异的大小，有些时候会决定与朋友之间的交际频率。

所以，对于女人来说，朋友之间要有距离，这样才能够达到"意犹未尽、情犹未了"的意境，只有这样才会因为朋友的到来而欣喜，同时也会因为朋友的离去而思念。

有人会这样比喻，朋友之间应该像是地球与月亮的关系一样，既要保持距离，又要互相吸引，不碰撞，也不分离。也有人认为，作为好朋友就应该是有福同享，有难同当的。其实不然，好朋友见面与交往的机会虽然会比其他人要多一些，但是任何事都要有个"度"，超越这个度，那么得到的就是相反的结果。

窦丽和师晓云是很要好的朋友，在同一个宿舍居住的她们几乎形影不离。所以，她们常常戏称宿舍就是她们的家，所有的东西也都不分你我，甚至有时候连工资也混在一起。大多时候，两个人都很为这种关系感到骄傲，在别人的眼里流露出的同样也是羡慕的目光，大家都认为两个人的关系比亲生姐妹还要亲密。

没过不久，师晓云有了男朋友，经常会出去逛逛商场，吃顿饭，于是两个人的合作经济便出现了危机。起初，师晓云觉得也没什么，窦丽也不在乎。

然而碰巧有一天，窦丽的母亲生病了，当窦丽赶回宿舍取钱的时候，面对的是空空的抽屉。窦丽不得不问师晓云："钱都到哪儿去了，工资不是才发了3天吗？"师晓云说："我刚为男友买了一套西服。"窦丽没有再说话，默默地离开了。急等着用钱的窦丽不得不从别人那里借钱，然后把钱寄给母亲看病。从此，两个人的友谊便出现了裂痕。直到有一天，两个人提及此事，大吵了一架。最后，窦丽提出"分家"……

人们常说"最亲近的关系总是最脆弱的。"其实，朋友之间的关系是作为人际的一种，虽然并不存在骨肉血脉的相连，却也有一种亲情所无法替代的东西。也许就在生活中的某一个瞬间，你会发现身边一个最好的朋友在那时就像是自己的翻版，让你突然有一种心灵互动的感觉。

很多时候，朋友之间的互相关心都是毋庸置疑的。每一个人都有自己喜欢的生活方式，如果在生活中的任何事都不分你我的话，势必就会陷入友情的尴尬境地。聪明的女人明白社交之道，她们懂得朋友之间应该保持适当的距离，这样的友情才能够长盛不衰。

｛适当保持距离，朋友才更有"爱"｝

其实，每个女人的内心都是柔软的，她们对待有契合的朋友，就会用心对待。这样便有人会认为，只要是真心对待自己的人，就是自己生活的依靠。从而出现了不分彼此，不分你我的生活。但是熟知社交的女人应该明白，朋友之间一旦涉及了很私人、很现实的问题，就会给亲近的朋友带来不必要的矛盾。那么，如何才能更好地把握与朋友之间的距离呢？

首先，需要明白的是，朋友之间，要适当地保持距离，不要去关注对方的隐私或秘密。作为朋友，要学会主动地退避三舍，不能以为自己是对方的最亲近的朋友就可以无所顾忌。即使自己偶尔知道了朋友的秘密或者隐私，也不能到处大肆张扬，到处传播。要想友谊长存，在朋友的秘密与隐私面前，保持一定的交际距离，是非常必要的。

俗话说："人上一百，形形色色。"而女人的心却又是最善变的。对于朋友之间的千差万别，性格、情趣、爱好以及习惯的各不相同，就要求朋友之间都能够互相体谅，互相尊重。不仅不要去干涉朋友的爱好、选择，更不要去嘲笑朋友的生活情趣，同样也不要拿朋友的习惯打趣，更不要开很容易给朋友造成刺激的玩笑。如果朋友有不良的习惯要懂得委婉指出，并且给予耐心的帮助。

莎莉和洛西的友谊是公司里所有人都知道的，她们白天一起工作，成了无话不谈的好朋友。莎莉原本就是一个很重友情的女人，刚开始，他们经常下班以后一起去吃晚饭，泡吧。顺便谈一些很轻松的话题，后来洛西厌倦了，开始推托回家。

莎莉婚姻上出现了一些问题，丈夫在外面有了别的女人。莎莉就像所有离婚的女子一样，有点丧失理智，借酒浇愁，每天一下班便缠着洛西去酒吧，疯狂地买醉。而洛西的丈夫为此常常担心她，总是说，女人总去那些地方不好，并且喝酒多更不好。

令洛西没有想到的是，就在自己借故离开之后，莎莉竟追到了洛西的家里。她只是哭，并且没完没了地向洛西倾诉她的想法，并经常说：“洛西，我们是世界上最好的姐妹，胜过夫妻和所有的朋友。"洛西不得不点头。

就这样，持续了4个月之后，洛西和她的丈夫到了忍无可忍的地步。于是，洛西开始渐渐疏远了莎莉，然而，这并没有阻止莎莉的倾诉，反而增添了她的很多抱怨。她总说，不管怎么样希望洛西都不要抛弃她，她只剩下洛西了。

有的女人会认为，女人本来就是靠依附男人而存在的，一旦无法依附的时候，便会把这种感情寄托到了朋友身上。然而，这恰恰会成为导致友谊出现危机的致命点。要知道，在这个世界上，每个人都应该是作为独立个体而存在的，并不是谁需要依靠着谁才能存活。对于女人来说，更是如此，能够维持朋友之间亲密关系的最好办法就是往来有节，互不干涉，只有这样的友谊才能地久天长。不要以为朋友之间无论任何东西都可以互通有无，习惯成自然，这样就会在无形之中摧残了相互的感情。

作为女人，更应该懂得太过于矫情是会损失魅力的。有些时候，女人只是因为对自己的能力或者是魅力太过高估，才会导致了极端的失望。从而使得由失望产生了怨恨，才会有了各种错误的延续。

所以，一个聪明女人，应该记住，朋友之间应该保持些距离。人之心理，往往会自以为是，其实，女人该懂得，只有隔帘看花，每每才会更动人。

社交禁忌需牢记

{做社交场合的魅力女人}

有句话说:"女人不是因为生为女人才为女人,是因为要做女人才为女人",这句话说的很有韵味。无疑,只有做有韵味的女人才能吸引更多人的目光。那么,对于出现在社交场合的女人来说,自然更要讲究味道,并且要讲究那么点自自然然的风韵和魅力。无论是浓淡冷暖的女人,基本上就是从这四味中提炼出来的:她们或者意味悠长,或者清纯透明,或者有些涩,却又有些甜,都很精致却不做作,所以,才会值得细细去品味。

一个能够在社交场合发挥浓香的女人是高贵的,就像是蕴藏丰富的钻石矿,有着浓香的形象仿佛永远也开采不完。因为,成熟女子与浓香才会有沁人心脾的魅力,给人以旷古恒久的精彩。而青春的女子与浓香则如温玉,会放射出晶莹剔透的光芒。

一个淡香的女子出现在社交场合,她是素雅,细腻,却又是含蓄而不失激情的。就像是冬天里无叶的树,冷香的形象中有点酷。就算是身在其中,也仿佛是离你很远一样,虽然青涩的淡雅,却散发着勾魂摄魄的魅力。

其实,一个能够落落大方出现在社交场合的女人都是美丽的,很多时候,就像是一杯嵌橙的血玛利,有着暖香的形象很容易醉人。特别是在炙热,迷惑以及性感的季节,很容易缔造出无数个动人至深的精彩。

那么,对于女子来说,无论任何时候,自己的风度和仪态都是最关键的。想要在各种社交场合上给人留下美好的印象,首先要注意的就是风度与仪态。只有做到了这些才能真正散发自己的女性魅力,成为别人眼中的宠儿。

大多时候,女人都是有些虚荣心的,而虚荣很容易变成你的致命伤。所以,想要成为社交场合的佼佼者,你就必须要理性、智慧地去对待社交中的一些事,哪怕只是一些很微不足道的小事，这些都是能够让你自然流露出女人魅力和风度的地方。比如说，你是一个外观造型上很可人的女子，却可能会因为你惊天动地的笑声，而把你打入缺乏教养的行列，自然很多人对你印象就会大打折扣。那么，对于社交场合的众多禁忌，你又知道多少呢？

｛做到八个"不宜"，成就完美社交女人｝

男人常常会把"上得厅堂，下得厨房"作为好女人的标准，如今人们的精神领域以及物质领域都出现了飞速的发展和不断地提高。所以，"上得厅堂"对于女人来说，狭义上是自家的小圈圈；而从广义上来讲，就是要能够融入身外世界的大气候。所以，现代女性早已不再保守自愚，同样也不再是男人的附庸，有知识、有品位早已经成了女人们追求的目标。

那么，社交能力把握的是否游刃有余，就成了现代女性融入社会氛围中非常重要的一个环节。作为一名新时代的女性，你是否了解社交场合应当如何恰到好处的把握自己的言与行，以此来发挥自己的女性魅力呢？以下列举了社交场合切忌出现的八种表现，如果想要在别人心目中留下倩影的你，就必须要谨记。

一、不要耳语

女人要在各种社交场合上给人留下美好的印象，就一定要注意自己的谈话方式，不可耳语，以免会给人留下不好的印象。

二、不要失声大笑

如果在社交场合，突兀的失声大笑也会令人感觉你是一个没有教养的女子。尽管你听到了什么"惊天动地"的趣事，在社交宴会中，也得保持好自己的仪态，顶多报以一个灿烂笑容即止，不然就会贻笑大方了。

三、不要滔滔不绝

如果，在社交宴会中有男士与你攀谈，你必须要保持落落大方的态度，简单回答几句即可。切忌看到优秀风趣的男士时，忙不迭得像汇报工作一样滔滔不绝。这样不仅得不到对方的好感，反而会觉得你有失女子的矜持。

四、不要说长道短

一个只会饶舌的女人肯定不是一个有风度有教养的魅力女人。即使你穿得如何珠光宝气，如何雍容华贵。如果在社交场合上说长道短、揭人隐私，必定会惹人反感。另外，这种场合的"听众"虽是陌生人居多，但是所谓"坏事传千里"，只怕你不礼貌、不道德的形象从此传扬开去，即使对你稍有好感的男士，同样也会对你"敬而远之"。

五、不要大煞风景

很多人都知道，参加社交宴会的几乎都是陌生人。那么陌生人的聚会当然期望见到一张张可爱的笑脸，同样也希望是一个有着愉快氛围的聚会。因此，即使你的内心有什么悲伤，或者情绪低落，表面上无论如何也都应该表现出笑容可掬的亲切态度，去适应当时的环境。

六、不要木讷肃然

在社交场合中的滔滔不绝或者是谈个不休固然很不好，但如果面对一个陌生人一言不发也同样不妙。其实，面对初相识的陌生人时，也可以由交谈几句无关紧要的话开始，待到引起了对方和自己谈话兴趣的时候，自然而然就可以谈笑风生。如果总是坐着闭口不语，一脸肃穆的表情，与欢愉的宴会气氛也是格格不入的。因为，女人的矜持同样也有个度。

七、不要在众目下补妆

一个在大庭广众下扑施脂粉、涂口红的女人，是非常不懂礼貌的。如果你感觉自己需要修补脸上的化妆，那么，就请立即到洗手间或者是附近的化妆间去。

八、不要忸怩忐忑

在社交场合，假如发觉有人经常注视你——特别是男士，你也要表现得从容镇静。假若对方是从前跟你有过一面之缘的人，那么，你就可以自然地与他打个招呼，但是不可过分热情，也不宜过分冷淡，这是最关键的一点，同样也是展示自我风度的最佳时机。如果遇到对方是一个素未谋面的男士，此时，你只要温柔平静，落落大方地巧妙离开他的视线即可。

虽然在社交场合中都显得很微不足道，但是有句话说："细节才是决定一切成败的关键。"所以，一个懂得把握细节的女人是聪明的，特别是出现在社交场合的女人。只要你能够理性并智慧地去对待社交中的一些事，哪怕只是一些微不足道的小事，都可以让你自然地流露出女人特有的魅力和风度来。也有人说，一个懂得培养气质，使自己变美的女人是聪明的。的确，如果只是用服装和打扮来美化自己的女子，她是空虚的，只有加上了内在的气质修养才能真正成为一个风情万种的完美女人。

会"装傻"的女人最聪明

{ 会"装傻"的女人 }

有这样一句名言:"幸福的家庭都一样幸福,不幸的家庭各有各的不幸。"很多人常常会通过后半句话来演绎不幸家庭中的不幸根源,却忽视了能够获得家庭幸福的一个重要因素,就是这个家庭中的女主人是怎样在扮演好傻女人的角色,并且能够做到大智若愚。

每个人都明白做女人难,如果要做一个精明能干的女人很难,而要做一个傻傻的女人更难。那么,要做一个聪明的傻女人自然就难上加难了。也有句话说"女人就是半边天",在工作中要与男同事针锋相对,各立其功,而在家庭中又要照顾好老人,还要为自己的丈夫和孩子鞍前马后。所以说,女人活着的确很累,如果女人还要什么事情都斤斤计较的话,那就更是辛苦了。既然怎样活都是如此之累,那就不妨做一个聪明的傻女人吧。

谁都明白,婚前是需要睁大双眼去看着对方的,然而到了婚后就需要睁一只眼闭一只眼了。难得糊涂一次,对彼此的小错误、小缺点、小阴谋和小把戏,只要是不违背原则都不妨得过且过,尤其是女人实在没有必要把在职场中"巾帼不让须眉"的锋芒毕露争强好胜带到家庭生活中去,不妨常常在夫君面前"示弱",给男人一点自尊来满足他的虚荣。

一旦婚姻遇到了"门槛",如果真的不要想跨过这道门槛,不想要这段婚姻,那么就继续较真儿,计较到彼此受伤,计较到婚姻受损,计较到儿女都受到伤害。如果想要跨过去,不想对这段婚姻放手,那么不妨就试试"装傻"。"装傻"并不是要让你去忍气吞声,而是换一种思维方式,可以把生活中的小事儿模糊处理。

作为女人应该懂得,既然他是你深爱的人,那么就没有必要逼他太紧,如果小到领带的颜色,或者是下班和谁在一起,并和谁发过短信通过电话,事无巨细,样样都要过问的话，时间久了，谁会忍受得了？在最初，不都是带着爱走进围城的，那么，就千万不要让这份爱成为对方的负担，让他有窒息的感觉。不妨试着多给他一些自由的空间，这样的话大家都能够更好地呼吸，都活得更轻松。

有些时候男人一旦不小心撒了谎，也不必一定要刻意地去揭穿他，更不要去和他拼命。即使你已经洞悉一切，仍然也可以傻傻地笑着说："我只是担心你呢"。实际上，就是在告诉他，"其实，什么我都明白，但是我不与你计较。"这样的女子才是豁达并且是傻得聪慧。一个会"装傻"的女人，自然便是一个聪明的女人。即使你天生就有一双火眼金睛，并且也能够世事洞明，也不要对所有的事情刨根问底，探究个究竟。聪明的女人，要懂得留一半清醒留一半醉，这样才会让你得到意外的惊喜。然而相对于怨妇来说，男人更喜欢的都只会是在适当的时候懂得"装傻"的聪明女人。

{ 做一个幸福的傻女人 }

其实，生活并没有我们想象中的那么复杂。懂得做一个幸福的傻女人，何尝不是一种快乐？生活本来就很简单，何必一定要搞得那么复杂呢？一个聪明的傻女人，不仅可以用一颗平淡的心去对待生活，无欲无求。同时，也可以愉快地去接受一切所有，并且能够感恩地去对待周围的一切，这不仅是善待生活，更是善待自己。

聪明的女人傻一些，就会懂得宽容，懂得淡忘痛苦，懂得牢记别人的恩情。同样地，能够做一个聪明的傻女人也是一门哲学，而这门学问也会使人一生受益匪浅。因为，聪明女人的傻，是一种睿智，一种宽容。更多时候，透露出的是女人的一种修养和气质。做一个聪明的傻女人更多需要的也是一种悟性！

要知道这里所谓的傻，只是表面。其实聪明的是内在的心灵。一个女人如果能在生活中把傻演绎得淋漓尽致，那才是真正能够让观众去喝彩的女人！只有傻傻的女人才会离幸福更近一点。虽然世界上的男人都喜欢聪明的女人，但是相对来说，他们更喜欢看到聪明女人看透不说透的那种傻。那么，这种女人就是天下最聪明的傻女人了！

很多时候，虽然婚姻和恋爱相对于爱来说，都是同一个概念，但是经营的策略却是不一样的。恋爱中，女人就需要蕙质兰心；婚姻中，走进围城的女人应该懂得如何去睁一只眼闭一只眼来守护自己的幸福。

生活原本就如同一艘远航的船，有可能会遇到风雨交加，甚至也有可能会触及暗礁。而生活中的每个人自然也就是舵手，能不能够平安地到达彼岸，关键就在于每个人是否能够平衡这艘船！一个聪明的傻女人，会懂得如何去周全自己身边的人和事，懂得如何对家人大度点，只要婚姻不会偏离正常的轨道，那么就已经足够！其实，生活就是如此，柴米油盐酱醋茶，既然生活中难免有太多无暇顾及的琐碎，倒不如让自己轻松一些，不去过于的较真，过分的计较，这样便不会在无形之中对家庭造成莫大的伤害。因为，伤害是把双刃剑，不仅会伤了自己，同样也会伤害了别人。

作为一个聪颖豁达的女人，就要学会时而装得傻一些，一笑带过。这个社会已经给了男人很大的压力了。所以家庭的内部团结就会显得尤为重要，只有家庭和睦，男人才可以安心地在外面打拼。既然男人为女人撑起的是一片天，那么，女人为什么就不能用自己瘦弱但不孱弱的肩膀也为男人撑起温馨的半边天呢！女人傻一点，给男人一个安定，给男人一个家，即使面对寒冷的深夜，只要男人看到那盏为他始终亮着的橘黄色灯，他们的心里也会觉得暖暖的，也希望自己回家的步伐能够走得快一些，再快一些！

一个会生活的女人，不妨就按照"傻人有傻福"这句话来生活吧，心胸开阔一些，多包容一些，再多一些"傻"的可爱。只有当一个人真正用豁达的心，去看淡了事，看淡了人，那么，我们的心情自己也就会淡淡的，不再忧伤！而只有这样的女人才是人生最美丽的一道美丽风景！

树立良好的交际心理

{ 新时代、新女性、新交往准则 }

21世纪是个崭新而时尚的时代，女性的交际观也因此而发生了巨大的变化，新时代孕育出了更多的新女性，而一些新的交往准则也在新女性中渐渐形成。

1. 女人约会，男人免进

以前当女人参加约会时，总喜欢带着"保镖"，如果今天你参加那些新女性的约会，还骄傲地捎上个"护花使者"时，就要做好接受冷淡的心理准备。现在的女孩在告别酒会上的赠言不再是"下次见面时带上另一半"，而是"下次见面时不准拖家带口"。因为没有男人的约会，女人们可以暂时摆脱因男人引起的虚荣与嫉妒，转为对同性的欣赏。并且，在自由自在的氛围中，会有难得的灵感不时闪现。有的前卫女孩甚至宣布假如他还不愿意从约会中走开，那么只有让他彻底走开。在这种恐吓下，还有哪个男士敢冒天下女性之大不韪呢？

2. 超越琐碎，不谈家事

据调查，现在的新好男人聚会时，经常会听到他们谈论烹调术的兴致绝不亚于侃足球。相反，有家或没家的女人却在逐渐远离这类话题，她们会抽象地聊天，谈时尚、国事、天下事，就是不谈琐碎的家事，女人从中得到了放松，少了琐碎家事的干扰。

3. 花钱买品位，午间泡吧又何妨

在男人眼中，泡吧是他们的专用地，如今，你会发现在一些茶馆或酒吧、网吧里，中午的时间也被那些惜时如金的office女性们利用了，买单时她们一般实行AA制。一些白领认为泡吧是培养情调的地方，听古典或现代的音乐，上网找"老友"随便聊聊，放松一下心情，比午睡还要养神。

4. 把握距离，女子之交淡如水

不少新女性认为在她们的理想中，好朋友最重要的特征就是尊重对方，不要"无话不说，无所不谈"，这不是成为知己的标准，理解才更是友情深厚的象征。但是有些女性，你一旦什么不对她说，就被误认为是疏远或不够朋友。这样容易让人感觉很累，所以不少女性为了避免麻烦，反而去找异性做朋友。其实女人和女人之间没有不可调和的矛盾，同性不是自己的敌人，如果想要拥有同性的友情，那就一定要适当地保持距离。面对新女性别具一格的友谊，我们发现女人学会与女人相处更重要，因为女人的心事女人最懂。

{ 女性交往要避免七种不良心态 }

社会心理学家曾经将现代女性在交往中容易产生的几种不良心态予以归纳，在此提醒女性朋友要努力摒除这些交往中的"绊脚石"。

1. 自卑心理

由于容貌、身材或知识等方面的原因，致使一些女性在与人交往时产生自卑心理。不敢阐述自己的观点，做事犹豫不定，没有勇气和胆量，随声附和，没有主见等。在交流中不能向别人提出可以借鉴的有价值的意见和建议，让人感到与之相处是浪费时间，对其避而远之。

2. 嫉妒心理

有人说嫉妒是女人的天性，比如在交往中对别人的优点、成就等不是赞扬，而是心怀嫉妒，希望别人不如自己，甚至遭遇不幸。这一点女性朋友要特别注意，试想，一个心中充满了嫉妒心之人，绝不会在人际交往中付出真诚，当然也得不到别人的欢迎。

3. 多疑心理

朋友之间最忌讳的就是相互猜疑，不相信对方。比如有些人怀疑别人在说自己坏话，毫无理由地怀疑被人做了对自己不利的事，捕风捉影。这样的人喜欢搬弄是非，最终身边的朋友会觉得她像个捣乱分子对她退避三舍。

4. 自私心理

有的人与人交往总想从中得到好处，或者冲着别人的位子，或者想从别人那里得点实惠，或者为了一事之求，假若对方没有帮助到自己，就不愿意和对方交往了。这种心理比较自私，容易伤到别人，一旦被认清真实面目后，别人就会与之中断交往。

5. 游戏心理

在交往中缺乏真诚，抱着游戏人生的态度，与别人没有深层次的交流，只做表面文章。当别人需要她的帮助时，往往闻风而逃，这样的人又怎能结交到真正的朋友呢？

6. 冷漠心理

待人冷漠的女性往往孤芳自赏，她与人交往时认为是对别人的施舍和恩宠。自我感觉很好，总是高高在上，端着个架子，让人不能接近，这样的人永远都不会有朋友。

7. 成见心理

对己宽容，对别人刻薄。容易因为一件事就怀恨在心，从而认定对方不值得交往。这样的人在交往中容易钻牛角尖，与人斤斤计较，朋友也会越来越少。因为人都会犯错误，不懂原谅别人就不可能拥有友情。

现代新女性往往因为拥有较高的文化层次，优越的经济条件，所以会导致她们过于独立清高，强调自我，从而养成一些不利交际的负面心理。对此，现代新女性们更应该明白"要像爱自己那样爱别人"的道理，这样才能在交际中得到丰厚的收获。

别与另一半的朋友圈绝缘

{ 四招让你打入他的朋友圈 }

要想顺利融进老公的朋友圈,是要动点小脑筋的。在此介绍几种实用的办法,只要用心,一定能够取得好的效果。

第一招,尊重

朋友是老公生活的一部分,尊重他的朋友也是尊重你的老公。如果你并不希望老公经常和朋友黏在一起,或者你根本就不欢迎他的朋友,也不要把这种情绪发泄到别人头上。你可以找个时间与老公沟通一下,谈出自己的看法。

第二招,打开话匣子

男人之间有着男人特殊的话题,女性是不太容易融进去,最好的办法是找到一个双方都熟悉的事。比如聊聊你的老公,揭发一下他不关乎隐私的小秘密,或者讲讲他出门之前磨蹭得差点迟到。只要打开话匣子,话题就会接踵而来。

第三招,保持好奇心

也许你对足球、政治、发展、创业等话题并不感兴趣,不过你也可以保持一颗好奇心,多听听,感兴趣的地方可以问一问,这样不但给人留下可爱的形象,自己也开阔了眼界。

第四招,面对"尴尬"的话题

当你一旦与他的朋友熟悉后,这个问题是不可避免的。有两个不错的方法,一是借机溜走,比如去洗手间,还可以转移话题。

打进老公的朋友圈并不是什么非常难的事,只要你态度明确,多动脑,就一定能将老公和他的朋友之间的关系处理得恰到好处。这样,你反而多了一些朋友,你和老公的关系也会更加稳固。

｛打入丈夫朋友圈禁忌｝

打入丈夫的朋友圈，你不但要考虑怎样与他们相处，同时还要顾及老公的感受。矜持疏远没有给老公面子，过于亲密又使老公醋意大发。因此要想打进他的朋友圈大有学问。

吴雯听着老公和他的哥们儿大侃足球，觉得很无聊，就忍不住打了几个哈欠。可能一个哥们儿看出了吴雯的反应，把话锋一转："小雯，你知道当年我们这些人里谁最受女生欢迎？"可吴雯却没有接话，采取了不予理会的态度，搞得这位哥们儿也很尴尬。虽然吴雯也想和老公的朋友成为朋友，可就是觉得与他们没什么好说的，于是就摆出一副严肃的样子，自己也觉得很别扭，老公的朋友们也觉得不自在。

分析："对他们的话题不感兴趣"，事实上只是吴雯的一个借口，其实就算对他们聊的话题不感兴趣，做个听众也是可以的。过于拘谨会让老公的朋友认为你和他们不是一类人，你在这样的场合并不开心。同时对老公的影响也不好，会让他的朋友觉得老婆对他很不屑，他在家里没有地位。所以，在老公朋友面前不要过于矜持。

下班了，张旭明对谢露露说周末要和哥们儿郊游，谢露露的脸一下子沉了下来："你们不是一个月前校庆刚见的面吗？中间你们又参加了一个同学的婚礼，怎么老见面啊！这个周末你不是答应要给我装电脑吗？我的电脑都慢死了！"周末到了，张旭明还是去会他的哥们儿去了。

谢露露在家正在做一份紧急文件，中途电脑又死机了。她想想老公早上出去，现在已是下午三四点，也该玩得差不多了，就打电话叫他回来修。可是正和哥们儿豪饮畅谈的张旭明只三两句话一应付就挂了电话。谢露露一再地催，张旭明被搞得非常尴尬，哥们儿也很同情他，还没尽兴就让张旭明提前回家了。回到家里，两个人终于爆发了一场战争，谢露露真的很委屈，难道老公的哥们儿比老婆还重要吗？

分析：谢露露在张旭明与哥们儿聚会时一遍遍地打电话催促，肯定会让张旭明难堪，并且他的哥们儿也会感到不被接纳。虽然老公和哥们儿的相处确实有些过火，把夫妻的私人空间都占用了，但是如果把自己的不满情绪发泄到他哥们儿的身上当然不是好办法。你可以主动请老公的朋友在家里为他们举办同学聚会，老公一定会因为有你这样的老婆而感到在同学面前很有面子。既然聚会是由你召集的,那么召开的频率当然由你定,这样不就有了你们相处的大把时间了吗?

　　许梅林第一次和老公参加他朋友的聚会,刚开始气氛有些沉闷,后来许梅林的快言快语打破了沉闷的气氛:"来,初次见面,我先敬大家一杯。"看着许梅林这样豪爽,老公的朋友们不禁赞叹:"哥们儿,没想到嫂子这么豪爽。""是啊,可比你强多了。"老公也笑着频频点头,暗暗为老婆的大方周到而高兴。不久,许梅林与他们的话题越来越多,聊到兴头上还不免带点"颜色"。对此,许梅林并没有回避,反而听得津津有味,时不时地哈哈大笑。对此老公甚感不快。

　　音乐响起,许梅林拉着老公一起跳舞,可是老公不擅长跳舞,执意不去。半推半就间,许梅林便与老公的一个哥们儿跳起了伦巴,跳着跳着两个醉意朦胧的人竟然搂到了一起。聚会还没结束,老公便借口许梅林喝多了而提前退场。面对老公愤怒的质问,许梅林困惑了,自己只是想和他的朋友搞好关系,他怎么不领情呢?

　　分析:融进老公的朋友圈,固然要"大方",但是还要"得体"。显然,许梅林已经超越了朋友间的界限。对于男性来说,当他把自己的爱人带到朋友面前,潜意识中是希望可以为自己"增值",所以才会希望爱人是漂亮、大方的,同时爱人与朋友的距离又是在自己可以接受和掌控的范围内的。这样就充分满足了男人好面子的心理。

　　总之,一个有心计的女人,在打入丈夫的朋友圈时,会时刻注意自己的言表,

第八辑 聪明女人，生财有道

在这个世界上，没有真正的穷人，只有不会理财的人。不管你是资产超过百万的富翁，还是现金不足几百的平民。只要善于理财，懂得理财，就能轻松驾驭财富，就能拥有更多的主动权；否则，只能让更多的钱财远离你。尤其是对于把持家庭财政大权的女性朋友而言，学会理财，才能让家庭长盛不衰；学会理财，才能让财富成为忠诚的朋友！学会理财吧，这样才能把持好你的家，才能让你的生活芝麻开花节节高！

[不去超越朋友间的界限,这样才会博得丈夫的赞许。]

学会理财
更有助于家庭美满

{女人当好家,理财是基础}

对于一个家庭来说,任何时候都离不开女人的支持与打理。而女人要当好家,做好家里的CFO,最基本的知识就是要懂得理财。当女人手握财政的时候,她们更多的是将全部财力投入到家庭建设中,为维护家里的和平而充当着一个稳压器的作用。

家离不开女人,会理财的女人才能称得上是一个好女人。对于理财,它也是一门学问。对于女人来讲,学会理财,无疑是给自己幸福的生活添加一道防火墙。

看过《红楼梦》的人应该知道,里面有一个非常有名的人物王熙凤,她不光人长得漂亮,在理财上也是有两下子的。想想在贾府里,无论是从哪里数起,她都把老老少少的吃喝拉撒、人来客往操持得井井有条,深得老祖宗贾母的恩宠。在当时那个年代,信奉三纲五常、女子无才便是德的环境下,出现这样的人物是何等的了不起。从这点上看,如果要现代男人在金陵十二钗中,挑选自己心仪的对象,恐怕选择王熙凤的人是数不胜数。

所以,无论是在任何时候,一个女人要管理好自己的家庭,首先要懂得的就是理财。当你把理财学会时,你才会真正做到家庭主妇,真正为家里考虑。那么,学学王熙凤的"辣",也是理所应当的。凤辣子的"辣",是她在红楼梦里最典型招牌和独特名片。一辣三分味,不仅如此,她作为贾府里的CFO,如果自己压不住场子,镇不住人,何以服众。从种种原因上看,女人要想尽一切办法把家里的男人给镇住了,既要让他在自己面前服服帖帖,还要惟己马首是瞻时刻地听命于你,又要消除他的非分之想。

女人持好家，理财是基础。如果一个女人在理财上出了问题，那么对于整个家庭来说也就会出现问题。而女性要理好财，就要遵循"三公"原则，公正、公平、公开。时刻将一碗水端平，绝不可以趋炎附势、欺上瞒下，更不能前面做一套后面留一套。同时，对于一个女人来说，既然是掌握着家里的大权，那么，私心就是一个大忌，如若在对待娘家与婆家的程度上出了问题，首先有问题的就会是你的丈夫，同样是父母，为何可以一个轻一个重。当这种心理产生时，他便会在暗中与你较劲，从此开支持续地多起来。所以，作为一个女人，要想做好家庭主妇，无论是对双方家里，还是对孩子，都得一视同仁，这样在男人看来，你才是位会打理钱财的好妻子。

女人当好家不容易，那么，想当好家，就得先从理财学起，任何时候理财都是女人做好本分的基础。所以，当好家，理好财，就是一个女人的成功。

{ 如何"花钱"是女人持家的必修课 }

理财对女人来说，简直就是一个模棱两可的概念，有的人认为理财就是会花钱，而有的人却认为理财就是会省钱。

在中国大多数家庭里，女人是掌管钱财的财政总管，同样也是中国消费市场的主导力量。可见女人在家庭和社会上的地位是何等的高，因此，如何花钱就成了现代女性持家的必修课。

"花小钱办大事"，是中国女人的潜在理财观念。虽说这样古老的观念有点跟不上时代的潮流，但是这样的观念确实是经营高品质生活的一种方式，对于生活理财来说，也是一个不错的方法。

一天，刘女士在忙着搬家，一年内，搬了几次，随着所住的房子越住越大，装修也是越来越有经验。她认为居家耐用消费品一定要舍得花钱，在牌子上、质量上都要选用一些上好的品牌。因为在很多时候，家里的东西都是多少年不变的，就像是厨房的橱柜、五金件、浴室里的卫浴等都是长年使用且不是随意更换的东西，都需要一次到位。同时，投资于家里的冰箱、洗衣机等家电也是值得的。

但对于那些时常需要更新换代较快的电子产品，只需要在选购时，选择一些中档，适用性的就可以，如液晶电视、数码相机等等，因为在这些电子产品里，随时都有可能被科技的进步给淹没掉。

还有,对于一个操持家务的女人来说,几乎一多半的时间都会用在与金钱打交道上。如上街买菜、买生活用品等等一些消费场所。面对这么多的消费场所,到处都得花钱,如果自己一不小心,就会成为里面最能花钱的女人。因此,如何把钱花到点上,花得值得,是每个女人都要学的一门课程。

操持家务也需要心计,一个持家女人的主要任务就是学会如何花钱。当你真正学会在生活上如何花钱时,你才真正懂得对于一个家庭来说,理财就是生活美满的起点。

会积蓄财富的女人更优秀

〖学会积累财富〗

说起财富，它不会与生俱来。只有在经历一个过程后，从中积累起来的财富，才是你一生的财富。我们暂且把财富比喻成水，若想让水变成一条河、一条江，甚至是一个海，只有不断地积累，以少积多，才能真正地实现长江梦、大海梦。所以，想要获得受用一生的财富，只有以正确的方式、用正确的方法去积攒，才能真正实现自己的财富梦。

在上个世纪初，有两个年轻的小伙，一个是美国人，一个是日本人，他们都在为彼此的梦想努力着。

对日本人而言，每月都会坚持一分不少地把工资和奖金的三分之一存入银行，尽管多数时候这样做总是让自己出现手头拮据，但他却咬紧牙挺过去，甚至有些时候，自己宁愿从别人那里借点钱，也从不会去银行里取钱。

而对于那个美国人，他的情况要比日本人糟糕得多，他整天待在狭小的地下室里，将数百万根的K线一根根地画到纸上，而后贴到墙上，之后就对着这些K线静静地想着，有时他甚至能面对着一张K线图待上几个小时。后来他干脆把自美国证券市场有史以来的纪录搜集到一起，在那些乱成一团的数据中寻找着规律性的东西。由于没有工作，自然薪水也是一个问题，多数时候，他都是靠朋友的接济勉强过下去。

时间滴答地过去了，两个年轻人分别在各自的世界里坚持了六年。在六年的时光里，日本人靠自己的勤俭积蓄了5万美元；美国人仍是全心全意地研究美国证券市场的趋势与古老数学、几何学和星象学的关系，几年都不曾变过一次。

又过了六年，日本人通过艰苦的奋斗与节衣缩食积累财富的经历让一位银行家十分感动。于是，日本人从银行家那儿获得了100万美元的贷款，作为创业基金，之后，他在日本创立了麦当劳的第一家分公司，从而造就了麦当劳在日本的影响，成为日本连锁公司的掌门人。他就是藤田田。

同样对于6年后的美国人来说，他成立了自己的经纪公司，并在自己的探索里发现了最重要的有关证券市场发展趋势的预测方法，被他命名为"控制时间因素"。于是，他在金融投资生涯中赚取了5亿美元的财富，成为华尔街上靠研究理论而白手起家的传奇人物。他叫威廉·江恩，在世界证券行业内人人皆知的"江恩理论"创始人。随后，他的理论被翻译成了十几种文字，他的这种理论知识成了世界各地金融领域从业人员入门的成功法则。

对藤田田来说，他的成功是靠节衣缩食攒钱起家，而江恩靠研究K线理论致富。对于两个不同理想的人来说，却都有着一个相同的观念，那就是积累自己的财富。因为成功的必备条件就是积累财富。

所以，对于大多女性朋友来说，如果你想让自己的家庭变得更加和睦，那么积累财富，则是最好的选择。因为任何时候，成功是不会唾手可得，而是在自己的努力下实现的。女人只有学会积累自己的财富，才能在操持家务上做得更优秀。

{ 何妨做个小气的"守财奴" }

每个聪明的女人都不能小看积累的力量，大海也是由百川汇聚而成的，头上掉一根头发，没关系；再掉一根，也没关系；掉三根，依然不用担心，可是长久下去，一根根头发掉下去，最后就成了秃头……第一根头发脱落的时候，每个人都认为是无足轻重的变化。可是当量变慢慢积累到质变的严重程度，于是事情就有可能发生翻天覆地的变化。

其实，理财也是这样的。大手大脚的消费习惯是应该受到严厉告诫的，这样才有可能培养正确的理财消费观念。很多人成功的秘诀就是"小气"，特别是在创业初期。财富的积累是需要时间的，在花钱上没有节制的人，常常是薪水一发就见底，非常典型的"月光"一族。这种做法不但不利于女性个人事业的发展，更会伤害今后家庭生活的幸福。所以，在日常生活中就要养成节约的消费习惯。

郑州丹凤制衣有限公司的女老板赵丹凤就是一个得益于"小气"的企业家。赵丹凤以前就是个摆摊的小商贩。摆摊是一件非常辛苦的活儿，既要起早贪黑地守摊，还要单枪匹马去进货。不过，付出就会有回报，赵丹凤每个月都能赚几千元。

和别人不一样的是，赵丹凤很"小气"。别人下饭馆大吃大喝，她却一日三餐吃盒饭；别人一有钱，就名牌加身，追求物质上的享受，她却穿戴普通，生活俭朴。在同行人看来，赵丹凤就是一个守财奴，而且属于那种成不了大气候的人。

不过赵丹凤依旧我行我素，并没有因为周围人的议论而改变自己的"小气"。她始终坚守自己的信念：尽快积累足够的资本，结束摆摊漂泊的日子，去开一家店，做个真正的老板。

经过2年的积累，赵丹凤有了10万元的积蓄，她转行开起了小超市。小超市一开张，就生意兴隆，赚了不少钱。而平日那些嘲笑她小气的同行，却由于平时"大方"，手中缺少积蓄，没有本钱做更大的生意。后来，赵丹凤又做起女性服装的批发，还创出自己的企业和品牌，成了身价过亿的富豪。

赵丹凤的财富就得益于她平时的"小气"，她从不大手大脚花钱，财富全靠积累实现。正是靠着这些积累下来的财富，她才能把自己的事业经营大。

每个女人都应该明白一个道理：成由俭败由奢。对于一个家庭来说，其和睦与兴旺因节俭而变得伟大。告别大手大脚的消费习惯，你才能积累更多的财富。不要小看生活中点滴的积累，因为财富的积累从来都不是一天两天的坚持。观察一下从身边流走的每一滴水，你无意间浪费的每一度电，你是否想过，这一滴水、一度电如果积累起来，可能也会是一笔不小的财富。

聪明的女人从来不会大手大脚，她们会操持家务、合理理财。如果你仍是一味地大手大脚的花钱，那么你就不是一个称职的家庭主妇。为了家庭的幸福和睦，聪明的女人何妨做个小气的"守财奴"！

理财有道才能成为理财达人

｛理财达人｝

有人说女人是天生的理财专家，即便是文化再低，她都能在理财上做得井井有条，只要有强烈的愿望，她们就会把家庭和周边的生活打理得清清楚楚。

在她们的心里始终都会保持着一种这样的心态，坚持心中的"清楚账"，做到面面俱到，无论是持家还是理财，都不会是弱者，成为社会里最突出的一类人——理财达人。

王丽，传说中的奇女子，原是台湾春天酒店董事长，她从8岁开始，祖母就教她记账。22岁投资电玩机，赚了人生第一个100万。然后，投入股市，跟着又看中房地产。随后，在美容市场上又出现了她的身影。

王丽理财方式与别人不大相同，如果她想买股票，就必须先对股票进行全面的了解与分析。她始终相信耳听为虚，眼见为实，只有自己亲自考察过，才能做的放心，投的安心。

王丽是勤奋的女人，她从小就养成了记账的习惯。每晚睡觉前，记账成了她生活里的一部分，就像女人每晚卸妆一样重要。对于多数女人来讲，一提到具体的数字都会出现一种强烈的反感，但这对王丽来说，却是发挥自己特长的机会，只有数字，才能成就自己的命运，至少在她的眼里是这样认为的。

如果要问王丽理财给她带来了什么？她会毫不犹豫地说，它让我找到了自己的人生目标，感觉到了快乐，在别人看来王丽是成功的，她在自己的努力下实现了自己的梦想，成为人们心中的理财达人。

提及理财，每个女人都略懂一二，但问题是如何把理财结合在家庭里，那才是一个聪明女人的最高本领。对于善于理财的聪明女人来说，她们在拥有财富的同时，也不会忘记自己身上所担负的责任，因为在她们的心里，理好财，才能更好地持好家。

｛八大理财高招，让你做"最佳财女"｝

对一个成熟女人来说，如果能把家里的财富打理得头头是道，可谓是人们心里的"最佳财女"。她们不但不会乱花钱，反而在家里扮演着一个"存钱攒钱"的角色。当钱在她们的手里时，即使自己不出去工作也能让钱生钱，而这正是财女的一种能力。

在现实生活中，女性消费的观念是非常矛盾的，有时很精打细算，一分一厘都算计；另一方面，女性又极容易因为冲动而购买太多不需要的东西。那么究竟怎样做到理智消费的女性，不但能够满足购买欲外，而且也不至于花费过度？

1. 列好清单

当女士到大商场，或是百货公司购物时，看到什么感兴趣的东西，都会不知不觉地放在购物篮内，而真正需要买的，可能只是其中的一两件物品。因此解决这类问题的最好方法就是列出购物清单，这样既能够避免买漏了东西，又能减少买了无谓的东西。

2. 等到减价才出手

这个不需要详细叙述，因为很多女士都有于减价时才出击购物的习惯。对于精明的女人来说，在这期间购物的确能够省下不少钱。

3. 到较熟的购物地点

一些日常用品不妨到一些平价店购买，往往这些地方都以批发价出售物品；你经常光顾某几家商铺，和它们的老板混熟，以后购物就能有额外的折扣呢！

4. 大胆和店家讲价

现在，很多女性对讲价很抗拒，感觉这种行为很"老土"。但在这里要提醒的是，最好还是别放过讲价的机会，因为这通常也能省不少钱。

5. 多看商家海报或广告传单

各大商场每期海报都会推出几款足以打动顾客的优惠促销商品，同时还有折扣印花，根据这些海报和印花去购物，又是一种节省开支的好办法。

6. 善用信用卡

在香港，几乎每人都有一张或以上的信用卡，善于利用信用卡能延迟付款的时间，让消费者在周转上更灵活。再加上某些信用卡有积分的功能，积满一定数量的分数可换取礼品，这些优惠一定要懂得利用。

7. 选择分期付款消费

在购买大件商品的时候，不妨考虑分期付款。普遍的分期付款都是免息或超低息，它的好处就是不用一次性拿一大笔钱出来，但又能马上得到自己想要的东西。

8. 别强行追逐潮流

通常刚上市的产品，价钱都会非常贵，所以如果过度地追随潮流，只会让你过度消费。

总而言之，你知道的理财方法越多，你积累的财富也就越多。所以，这对女人来讲是个学习过程，同时，也是让钱生钱的一个机会。任何女人都可以成为理财高手，这也是为你的家庭幸福打下的坚实基础。

记好账
才能理好财

{ 好记性不如烂笔头 }

　　女人要想做家里的好财会，就要掌握最基本、最简单的步骤——记账。任何时候好的理财是要从记账开始。俗话说，好记性不如烂笔头嘛。

　　女人在家里往往扮演的都是"领导"的角色，所以，她们会对家里的每一分开支，包括自身消费在内，都有一个清楚的记录。这就要求做"领导"的女人，把平常的开支一笔一笔地记录下来，确定收入、核定支出，再定时地根据情况适当调整自己的实际支出……其实这样的理财方法，才是众人眼中最完美的，而这种完美正是记账的功劳。就是因为有它，才会让你干什么都有事半功倍的效果。

　　有这样一个案例，其中有一位被称作是"卖官书记"的人，他是原凉山州委副书记曹永葆，被成都市中院一审判处有期徒刑13年，原因在于他收受了一台价值1.2万元的空调和四面八方的贿赂合计152.3万元，同时，有107万余元人民币、11869美元的巨大财产来源说不清。

　　曹永葆交代的信息令笔者对他感到十分惊讶：他竟然把收下别人给钱的信封做成了一个日记本，每个信封上都会标明送礼人的名字、送礼时间和金额。比如"2004年2月，任国力，1万元""2003年3月16日，让之明，5万元"……

　　无论在什么样的情况下，曹永葆永远相信一句话："好记性不如烂笔头"。出于对这句话的感悟，使得他慢慢地养成了一个受贿记账的"好习惯"。

　　对于曹永葆所做的一切，不得不说他是一个"出色"的"卖官书记"。把手中的权力一一兑换成钱，同时，每次受贿都会做一笔详细的记账，而且是"台账"，同时，也做到了时间、人员、数额"三到位"。他若不是有一个"良好"的受贿记账习惯，对于两百多万的财产管理，经过那么多次权钱交易，是很难记住的。但是，从另一个角度上看，如果没有他这样的一个举动，检察人员对他的审查也会变得相当困难，更不会这么容易就把那么多的"信封"一次性全搜了出来。

可见，一个人不但要养成良好的理财习惯，还要控制好自己在理财这条路上的正确方向。"好习惯"让曹永葆记住了受贿的人员、时间、金额，但也让执法机关铲除了一个"卖官书记"。所以，在任何时候，当你拥有这样一个"好习惯"时，最好给自己这个"好习惯"一个正确的方向，这样就不至于到最后让自己输的一败涂地。

女人作为家庭里的头号"领导"，一定要学会正确的理财方法，养成一个记账的好习惯会使生活变得更加有条理性。

{ 做个会记账的聪明女人 }

在常人看来，能说会道且又会办事的女人，就是聪明女人的象征。其实，除了这些，一个女人会不会记账理财，也是体现女人聪明的一种方式。当一个女人在事业上表现得让所有人都佩服时，未必在其他方面就比别人强，比如说理财，记账。因为在任何时候，一个善于理财、记账的女人都是聪明的。

在多数女人看来，记账是最麻烦的事，因为去哪儿，买了哪些东西都要记账，这让一向就粗心的女人感到很是别扭。为什么做一件事要有这么多的规矩，真是比杀她还要难。但任何事情要养成一个好习惯都不是一天两天的事，当时间久了，你会发现，记账对于女人来说是一件非常有必要做的事，它可以让自己很清楚自己在一段时间内花费如何，如何避免一些不必要的开支等等，以便做到心中有数。

做账看上去很简单，事实上很麻烦。比如，去超市的小票要留着，去菜市场花多少钱要记着等等，不过，时间久了记账就会形成一种习惯，那时你就不会觉得累了。

王红在某家公司里工作，月收入1500元，出于是第一年工作，她的父母让她自己处理自己的工资。这对王红来说，根本没什么，只是感觉自己自由了许多，可以自己支配自己的钱了。时间飞速过去了，到了第二年过年的时候，看到姐姐给了爸妈一人一个大红包，此时，自己才觉得羞愧了。工作有一年了，却没积攒下一分钱，甚至在年底都没钱孝敬一下父母。此时，她的心里有了一种意识，自己要开始存钱。

年后没多久就是五一，一家人说好去海南旅游。姐姐私下和王红商量，出去玩的钱她出三分之二王红出余下的。一家人开心地去玩了。回来等王红去银行一查才知道，原来这半年她几乎等于没有存钱。

事后，王红对自己以前的收入和消费作了详细的分析才知道，自己存钱从不规划。这以后，她对存钱设计了一个更新的规划。

在记账一个月后，她查看报表，发现自己的这种记账终于实现了，自己现在也有自己的小存款了。同时，无论是什么处境，她都能应付自如，如鱼得水，这让她在朋友的眼里变成了一个理财师。

理财不是一种冲动，当你没钱时，你想着自己怎么没有存钱呢？于是开始存钱，当需要花钱时，又是大手大脚，这和没存钱不是一个样吗？一个聪明的女人，她会把自己理财的方式放在记账上，因为无论时间如何变化，记在本子上的账目是最清晰的，同时也是最有规矩的。而记账也不是三天打鱼两天晒网，而要持之以恒，才会使你真正领略到理财的满足感。

任经济如何变幻，生活还要继续，还要保持原有的生活质量。作为家庭里的半边天，只有做一个聪明的女人，学会理财、善于理财，才能合理有效地打理家庭财产，做好家庭财务规划，支配好手中的钱财；才能让家庭的资金流动得更合理、更到位。所以，女人要学会理财、记账，做个聪明的女人，也做个幸福的女人。

在如何理财上下点狠功夫

{女人理财不在钱多钱少}

一些女人总这样认为：理财只是那些家过百万的人才要做的事，而对于我们这些平头百姓，理财根本用不上，一个月就那么点工资，根本没有必要。如果是有这样心理的女人，她就错了。因为不一定要腰缠万贯才有资格去打理自己的财产，只要是有收入的人或家庭都可以去打理自己的钱财，和钱多钱少没有关系。

善于理财的女人，懂得如何将生活打理得井井有条，而不用再为一些不起眼的小事乱了手脚。当然，这些善于理财的女人都不是什么"富女"，她们只不过是一些收入平平的员工。但对于她们来说，合理地打理自己的钱财，才能让钱生钱。有这样一些收入不高的工薪家庭也都在谈理财的问题，他们原来认为自己收入微薄，没财可理。后来才明白，无论钱多钱少，都完全可以理财。理财是一个长期过程，越是没钱越要理，越是趁早开始对个人、家庭越有益，凡事成于朝霞，败于夕阳。

刘洋和李宽是刚刚步入社会工作的有志青年，李宽24岁，本科毕业，工作一年，未婚，月收入约2200元；刘洋25岁，专科毕业，工作两年，未婚，月收入约1500元。按理说李宽每月收入比刘洋多出700元，比刘洋"更具备理财的条件"，但一晃半年过去了，刘洋存下了3300元，李宽却只存下了600元。

事后，一个理财经理对此作出评说，通过分析调查发现，李宽无论在衣食住行还是其他方面的消费都比刘洋高几倍，并且无计划、无目的，在旅行、爱好上都付出了比刘洋高出几倍的支出，简单算下来李宽的这2200元月收入也只能是所剩无几。虽然刘洋的月收入并不高，但一切消费支出都有针对性。基本消费只有800元。在理财经理的建议下，刘洋又用那3000元买了货币基金，自然一年下来利息也就会变得更多了。

在理财上，虽说聪明女人与那些理财专家比，相差甚远，但与那些不懂得理财的人相比，聪明的女人会幸运百倍。每个人都拥有理财的机会，关键是看你肯不肯在这上面下功夫。

所以，在面对理财上，女人你是家庭里的半边天，如果你能更好地掌握理财，而不是担心自己的钱少。钱多钱少不是问题，问题是要学会如何去理财，才能给家庭带来更大的收益。

{ 精明女人理财有道 }

随着现代化城市的不断推进以及科技的高度发展，女性虽然生理上、体力上与男人有差异，但女人的细腻、执着、敏感、坚韧，让她们在很多领域内都取得了显赫的成绩，叫人刮目相看。

当一个女人有着与众不同的一面时，她们在投资理财这方面，也表现的是"巾帼不让须眉"的态势。

在上海很多家庭里，女人掌管家庭的财政大权。如何更好地把理财理出门道，是这些女人们最关心的问题之一。而理财在大多数时候并不单指一个金钱上的概念，不是赚的钱越多就越会理财。它是一个全面的概念，从家庭的柴米油盐醋到婚丧嫁娶，从孩子的教育到父母的养老费安排，从家庭的重大投资到家庭的安全保障等。将有限的钱财发挥出最大的效用才是女人最精明的理财。男人是家庭经济的主要来源，女人也不甘示弱，在理财上她们都是一流的高手。

女人天生拥有一颗非常细腻心，她会全面兼顾理财的方方面面。比如，在照顾家人的饮食上，女人的周到和在菜场上的游刃有余是男人比不过的；逢年过节，细心的主妇们会备下夫妇双方父母的礼物；同时也会给孩子留出教育经费、家庭生活费、养老备用金、意外事件备用金后，还会在预算有剩余的情况下，为家人安排文化娱乐活动，以此来加深家庭的和睦。

生活里的女人永远都比男人更有张力和韧劲，只要是她们想做的，她们会不惜一切达到目的，而对于理财自然也是必备的素质之一。在生活里，多数家庭对于大项目的支出，比如买大型的电器等，男人通常在这方面会很自信地做出决定。但是，当一个家庭面临困境时，男人未必就会非常的果决、坚定，有时严重时会选择放弃、崩溃、逃避。这个时候，一位智慧勇敢的家庭女主人就会起到一定的决定性作用，必定会支撑起这个家。

　　当你走出那个家庭，你会看到从事理财领域工作的人多数由女人来主导，比如在银行里接待顾客的女性职员占据高端。金融系统中，女性员工占到了40%。随着时间的推移，越来越多的金融机构也都时刻在关注女性。这时候，社会中的理财市场就会被女人占领，可见，女人是何等的精明，她们知道什么才适合自己在这个社会上生存，懂得只有用自己的方式捍卫自己的女人的地位。

　　每个精明的女人对于理财都有自己的一道方法，并不是每个女人的理财之道都是一致的。思想不同，自然想到的方法也就会不同。所以，对于给女人的定义也不能单以一种形式出现在社会上，因为女人都是精明的。就是因为她们的精明，所以，她们在理财上变得游刃有余，成为社会里的一种潮流。

盲目消费
有违理财之本

{ 女人持家，理性消费是关键 }

　　女人持家，是女人的本职，而如何把自己的本职工作做得更出色，那就要看她在消费上是否是理性的，或是机智的。女人持家也就是家庭理财，说起家庭理财，有人会说，这是女人分内的事。在多数家庭里，家庭主妇时常扮演着一个重要的角色就是理财"一把手"。然而，对于这些"一把手"们，却时常将理财的概念以偏概全，呈现出一种非理性消费的现象。作为女人，持好家是你的本分，那么，在本分内理性消费是非常关键的。

　　如果没有错，多数女人在买东西时，总是喜欢购买打折商品，多数女性都会有这样一种相同的体验心经：大热天买皮货、大衣，三九天买T恤、时装裙。类似时令性打折、断码销售、样品处理，是在正常的购买范围，时不时地买些也没有什么不妥。

　　抱一种侥幸的心理只能是偶尔，而不能频繁出现。对于市场里的一些商品，在经过打折后，你已经很难辨别它的真假，即便是落入商家设的陷阱，也不会知道。比如一些"大出血""搬迁大甩卖""跳楼价"的货品，还有"原价269元，现价99元""原价3659元，现三折起售"的促销广告语，对于其中的真实性很难把握。而唯一的一种正确做法是：务必弄清商品的性价比，确认自己对它是否确有需求，并证实是货真价实后，再出钱购买才不会上当受骗，否则只会让自己成为别人口里的一块肥肉。

　　同时，在女人的世界里，彼此间的攀比、炫耀成为女人的一种通病，尤其是一些爱美、爱时尚的白领们，表现得更为突出与明显。甚至会为追求某种目的，而变得判若两人。又如某些女性朋友一走进办公室里看到旁边有个女同事新买的服装、饰品，心里不由得出现了蠢蠢欲动，或者干脆付诸行动，不理性的她，根本不会考虑自己是否需要，就会一股脑地跑去购买。

时间也就这样点点滴滴过去了，女人们彼此间的那种攀比的心并没有因此而降下来，而是越走越高，最后在自己无端的比来比去后，发现自己的钱包其实一直保持着空空的状态。为了攀比，为了自己那种非理性的购买，选择了一些不合适的时尚衣物，在当时自己心里是美的，但事后会发现，这些不配自己的衣服只能用来压箱底或者是送人。

对于购物，男性选择的目的性很强，当得知自己需要什么时，他们会毫不犹豫地从超市里购买自己需要的物品，没有一丝的犹豫。但对于女人来讲，在购买物品之前通常会叫上朋友、熟人一同前去，并在买的过程中不断询问对方这件物品是否值得，与朋友进行咨询讨论，听到别人称赞时，她才决定购买。即使不好，但在朋友与服务人员的"赞美"下就完全失去了理性，于是，那些不幸的金钱就这样被你丢进了别人的口袋。

所以，理性消费，才是关键。聪明的女人要记得，只有理性消费，才能让金钱跑得慢下来；只有理性消费，才能让你更好地持好家，更好地充当一个"一把手"的角色。

｛盲目消费不可取｝

说起消费，多数人会把目光聚到女人身上，因为在任何时候，女人的消费始终比男人的消费要高出几倍。而真当女人在消费时，却时常会出现一种现象，那就是盲目消费。不管是不是自己需要的，会毫不犹豫地把它搬回家。

女人，总是有这样一种习惯，不但消费不节制，自身还存在一些不良习惯，甚至对于自己曾经放过的东西都忘在哪里。而对于那些记性相当好的人来说，很容易记住东西放在哪儿，就是为自己省时省钱。所以，女人，你只有正视自身的不足，以此来为自己在经济上省下一大笔钱，岂不更好。

女人就是这样，当在商场里买了许多自己当时感觉有用的东西，可回到家就后悔不已。跟朋友们逛街的时候，看到适合自己的商品，就会被她们劝着买下。"你穿这件衣服是再合适不过了，好像是为你而量身定做的！真好看！"

更让人想不通的是，当拿到一件衣服时试都没试，只在身上比了一下大小，看了一下款式，姐妹之间便开始了议论，听到姐妹们异口同声地说："咦！！真漂亮！这衣服就是为你设计的！不买真亏！"而那个时候的你早已被姐妹们的花言巧语说得团团转了，而对于价格的问题早已抛到九霄云外了。即使是自己不能接受，也会毫不犹豫地将它买下来。

所以，当你把这些在别人口里"称美"的衣服或物品买到自己的家里才发现它们也只能压箱底，根本起不到它应起的作用。为此，你也感到非常的后悔。但没过多久，在朋友的邀请下，又跑进了商场。

对此，很多男人都不能理解女人的消费心理。为何女人们会一年四季总在挑选衣服，无论是款式还是样式都在随着季节的变化而变化着；而男人却可以将一件朴素的衣服穿上好几年。

其实，在生活里，出现这种问题的关键原因还是在于消费者缺乏相应的知识。对于自己购买的物品都比较盲目，只是依据家人、朋友或者是商场里的服务人员介绍来选购，于是导致了一些消费者盲目的消费现象。对此，作为女人，如果你想持好家，做家里最聪明的女人，那么盲目的消费恶习必须改掉，才能带来新的生活气息。

合理消费，智慧省钱

{ 请客的省钱秘诀 }

在日常生活中有很多省钱妙计，尽管仅仅是日常中的零零碎碎，但日积月累也是一笔很大的开销。赶快动用你的智慧，看看怎样轻轻松松就能做到省钱。

首先，若想招待你的朋友和同事，不妨在家里请客，这样可以用家常便饭或出外野餐及甜点等聚会方式来代替昂贵的就餐费。到外面的餐馆去吃饭，这不仅占用了大量的资源，而且宾主也不能玩得尽兴。其实，人们内心真实需要的东西是回归家庭的温暖，请朋友到家里来用餐，这不仅可以体现主人对客人的尊重，同时，还可以营造一种亲密、融洽的气氛。

如今有很多人由于怕麻烦而放弃了在家中请客。实际上，这恰恰是一个绝好的省钱方法。

深圳的崔小姐大学毕业5年后买了自己的房子，由于房贷每月要花掉1200多元，再加上每月都要与朋友们聚一次，原本工资就不高的她因此负担不轻。一次，她去市场买菜时突然想到，为什么不把朋友们邀请到自己的新房里来聚一聚呢？于是，自己就购买请客所需的原料，自己动手，这样不仅可以省下不少钱，而且朋友们也会感觉家里要比饭馆里舒服得多。大家饭后，一起围坐在沙发上，可以再喝喝茶，唱唱歌，聊聊天，这又节省了因饭后玩的不尽兴而四处寻找娱乐场所的费用。

如果你做饭的手艺还不错的话，那么在家中聚餐绝对是招待好友的省钱首选，而且在家请客的方式还有一个最大的优点就是在家中吃饭，大家会更感觉放松，有亲切感，玩的随便也更尽兴。

其次，如果你的手艺实在不敢恭维或者嫌麻烦，那么可以找一个符合对方家乡特色风味的餐馆,这样朋友会感觉到你的体贴和用心。

一次,上海的黄小姐需要招待一个在湖北工作的朋友,这个朋友老家在东北,武汉大学毕业后就留在了当地。准备约朋友之前,黄小姐突然想到自己家附近有一个东北骨头庄,那里的东北菜味道做得很正宗。但这家饭馆属于中低档餐厅,因此她有点犹豫的就是朋友会觉得自己怠慢了人家。没想到,她一说出饭馆的名字,朋友就非常高兴。结果证明,黄小姐的这个安排让朋友很是感动,因为她很久没有吃到老家的酸菜饺子和炖菜了。这次请客一共才花了100多元钱,但朋友却吃得非常高兴。

招待好友时,其中最讨巧的方法是可以直接请朋友吃自己的家乡菜。如今大多数城市都涌现了各种地方特色风味的餐馆,而这些餐厅,最大的特色就是请来了当地的厨师,做出的菜基本上是原汁原味的家乡风味。最关键的是,具有家乡特色的餐馆还可以掩饰档次不高的缺陷,让你名正言顺的省钱。

由此可见,请客也有妙招。聪明的女人最善于理财,请客在家请,就是她们的省钱秘诀!

{ 省钱点滴生活中 }

在生活中省钱并不意味着要你去当"苦行僧",降低生活品质,若能把钱用在刀刃上,那么生活中的省钱行为也可以变得很时尚,比如请客吃饭省钱也有高招。

平日里懒得做饭的时候,上餐馆吃饭也是再正常不过了。而通常在这些餐馆里宴请宾客,因为看在是老顾客的面子上,只要跟老板提前打个招呼,商量一下,往往就能享受一定的优惠,而且老板招待的一般都会很尽心,这让请客之人感觉很有面子。

周彤彤经常会遇到招待回国的同学和朋友,还有自己老家的朋友及单位的同事。因此每隔一段时间她都要请朋友吃上一顿饭。为了尽可能节省一些,她跟自己常去的餐馆老板商量,假如自己需要请5个人以上吃饭时,希望能享受一定的优惠。老板觉得周小姐是自己的老顾客了,同时,也为了能吸引更多的顾客,老板很干脆地给出8折的优惠。

宴请朋友到你经常去的餐馆吃饭,即使不能享受到折扣上的优惠,但往往老板为了招揽生意，也会另外送一道菜或加大菜量等，这都可以为你多少节省一定的费用。

另外，去郊区郊游也不错，郊区的餐馆通常味道独特，价格上也可以比城里要便宜一半，假如家里有车的话，可以以尝鲜的名义，带朋友到郊区吃饭。

以往，最令孔蓉头疼的就是老家来人，不仅要当导游，更要请吃饭，还免不了喝酒。不过自从她买了车后，她想到了一个一举三得的好办法，那就是开着车带亲友到郊区玩玩，顺便去郊区的特色餐馆用餐。因为要开车，她也可以名正言顺地不喝酒，在这种情况下，一般客人也就不会要求喝太多的酒。

其实带着客人去郊区，最能显出你对客人的热情，而且也很有情调。当然，最大的实惠就是不需要花费太多的用餐费，除此之外，通常酒水是吃饭开支中的大头，你可以以开车不宜喝酒为名，轻松帮你节省大笔的酒水费。

女人学会省钱是一种智慧，平时如何做到又能省钱又能将生活过得多姿多彩，更是一门大学问。日常生活中其实有很多的省钱窍门，如何把家庭的消费变得合理，把不该花的钱省下来，需要女人将省钱的智慧运用到生活中的每一个细节。

送礼也有省钱学问

{ 女人省钱诀窍，送礼有高招 }

中国是个礼仪之邦，中国人有个传统，通常过年过节都会给亲戚、朋友、同事送礼。而这些商品，在节日期间都会提高价格，因此，如果提前购买这些必需的节日礼品，能节省一大笔的开支。

另外，商场经常会有搞活动的时候，如果遇上一些打折的品牌，如男女式精品包，化妆品，精致的饰物等，这些东西一般一年内不会过时，打折的时候就去购买，不仅质量有保证，而且钱也省下了不少。

方莉有一次在逛商场时，看到一个某品牌的坤包，她想起自己的女伴通常挺喜欢这种款型的，这一款原价690元，打折后的价格才290元，于是，她就毫不犹豫地买了下来，在朋友的生日聚会上作为生日礼物送给她，朋友的喜悦自然是不言而喻的。

除此之外，异地购物也是省钱的高招，如果你到外地出差，选一些当地物美价廉而本地不常见的东西带回来，送给谁都会感觉又稀奇、又有趣。最好不要带一些食品，因为食品都有一定的保质期，还有特色食品往往要在当地的饮食环境下才能体现其特色。

王月有一次去云南出差，在石林附近看到许多儿童的少数民族服装和各种各样的小饰品，她仅花了不到150元，就买了三四套儿童装，回来送给朋友们的几个孩子，这些孩子穿上可爱极了，朋友们直夸她有心。

通常送礼的时候，人们习惯于送一些烟酒茶类的礼品，这样一来，送来送去受礼者通常都记不得是谁送的了，在产品非常丰富的今天，若要想让受礼的人记住你，那么你所选的礼品一定要有特色。

童丽的上司搬到新房里了，送什么好呢？贵重的物品又不敢送，怕有行贿的嫌疑，普通的东西也拿不出手，想来想去，于是就送去了花100多元买的一套中国古典轻音乐的碟子，没想到上司见到她的时候说："我回家累的时候就听你送的音乐，很令人心情舒畅啊！"

当面对不是很熟悉的人，想让对方加深对你的印象，假如能用一些令对方意想不到的方法与对方去沟通，应该可以达到事半功倍的效果。

陶菲开了一个门面店铺，她想与某家商场建立长期的合作关系，但因为彼此不了解而使得他们的合作一直不能深入。陶菲想到该商家的老板是位女性，当时恰逢三八妇女节，于是她用1000元购买了本市美容院的美容卡，作为节日礼物送给这位老板，并陪同老板去做美容，通过多次交流后，这位商家终于和她开始了实质性的合作。在服务也是一种产品的今天，送一些适当的优惠卡，不仅可以为你节约一些花大钱买礼品的钱，而且也会达到出其不易的效果。

送礼也是一门学问，细心的女人们要多学习这其中的省钱秘招，让你的生活从此过得多姿多彩。

｛赠送礼品省钱的小技巧｝

当今送礼是普遍存在的社会现象，一件理想的礼品无论对于赠送者还是接受者来说，都表达一种特殊的愿望，传递了某种特殊的信息。同时，礼品可以说是一个宣言，它不仅宣告了你和接受者的关系，也反映了你希望自己在他人心中树立怎样的形象。

中国人自古以来就很看重礼尚往来，那么作为感情投资的礼品自然也少不了，尤其从元旦到春节期间，这是一年中送礼的高峰期，相信眼下的持家女人正为如何打点礼品而伤脑筋，有送长辈的，有送晚辈的，有送朋友的……过于昂贵的礼物对于家庭来说负担太重，太便宜又拿不出手，要想送得既独特又体面，且让人高兴又不用花费太多，真不是一件容易的事。那么教你一些送礼省钱的绝妙好方法，相信可以为你解忧给予帮助。

妙招一：在促销期买张健身卡

赵女士是一家广告策划公司的业务经理，将近年节，必定要对一些老客户表表心意。赵女士送礼爱说一句口头禅，那就是"请人吃饭倒不如请人出汗"。因为她是一家健身中心的VIP会员，11月恰巧遇上这家健身中心开业4周年举行的店庆活动，且有对健身会员卡买一送一的优惠，本来原价是1200元的健身年卡，用这个价会员就能买两张。这可是个绝好的机会，于是赵女士就找到一些在健身中心认识的朋友，用她们的会员卡一下买了10张年卡，过年的时候准备送给客户。赵女士说，这可是她过节送礼的"秘密武器"，不仅可以省下自己的钱，而且客户也会感觉接受了礼物很有面子。

妙招二：去物美价廉的外贸小店购物

薛小姐的朋友在年底过生日的比较多，挑选送给朋友的礼物，薛小姐的秘诀是：投其所好，去外贸小店省钱。具体而言，选礼物时就到外贸小店里选择朋友们各自喜欢的物品。薛小姐对这些闺蜜们的爱好和兴趣了如指掌，例如有位好友对皮包情有独钟，于是她就到一家专销外贸皮包的小店里，仅花80元就选了一款做工十分精致，款式时尚又别致的皮包送给这位好友；有位朋友特别喜欢小饰品，她就到专门出售日韩饰品的小店里，选择了一款和《瑞丽》杂志上一模一样的手链作为生日礼物送给她，才花了78元，并且还是正宗的进口商品。不过，朋友们可没有赵小姐这么好的眼光，她们大多回赠的礼品，都是在商场里购买的，售价差不多也得三四百元，由于她们认为，赵小姐送的礼物也是这个价，回礼当然要回价格差不多的了。

送礼也有省钱绝招，聪明女人都是持家者，相信她们一定会通过这些绝招，学到更多，得到更多！

多点"计较",多点财

{ 做个会持家的女人 }

理财其实没有太复杂的技巧,最重要的是观念正确就行,每一个理财致富的人,仅仅是养成了一般人不喜欢且无法做到的习惯罢了。总之,学会理财对人生有着重大的影响。作为一个有"心计"的女人,你就要在持家方面表现出自己的缜密心从而做个会持家的女人。

一个女人在挑选老公时很谨慎,因为她懂得,嫁一个好丈夫就是自己未来的幸福。而聪明的女人在嫁了一个好老公以后,不仅可以使得家庭保持高水准的生活,享受惬意的生活,还会成为这个家庭的"理财规划师",让全家有个坚实的经济后盾,衣食无忧。

平时要存一笔应急的钱。人生在世,有生老病死,有旦夕祸福。所以,你要有一个救济财政危机的预防措施,防止出现财政赤字时措手不及,那么就从储蓄开始吧。

要有规律地循序渐进地储蓄,例如阶梯储蓄法:比如你现在有3万元,可分别用1万元开设1至3年期的定期储蓄存单各1份。1年后,你可用到期的1万元再开设1张3年期的存单,以此类推,3年后你持有的存单则全部为3年期的,只是到期的年限不同,依次相差1年。

这种储蓄方式可使年度储蓄到期额保持等量平衡,不但可以应对储蓄利率的调整,而且又能获取3年期存款的较高利息。这可以说是一种中长期投资,非常适合工薪家庭为子女积累教育基金与婚嫁资金等。

另外要做好个人收支管理。时时记下琐碎的财务流水账,清楚地记下每天的收入和支出,隔段时间之后,你就能很清楚地知道家庭的花费情况,从而可以减少不必要的支出。

女人持家最重要的是做到勤俭。俗话说"省的就是赚的",俭省永远是最简单有效的理财方法。如果你不省钱，那么你赚得再多也是无意义的。所以，你应该学会节省下每一分能省的钱，做一个地地道道的"守财奴"和"小气鬼"。

勤俭是治家的原则，也是一种优良的美德，任何一个家庭，不管生活是贫穷还是富有，都需要坚持勤俭的准则。

女人们应该时刻明白："一针一线当思来之不易、半丝半缕衡念物力维艰"。

一个聪明的女人往往不会轻易地被时尚的衣服或首饰诱惑，因为她明白，这些东西不过都是表面的奢华而已，它并不是生活的主要内容，在持家女人的观念中，实用才应该是最高标准。

女人要把财产合理地分三等份来进行打理。目前，储蓄仍然是大多数人传统的理财方式。不过，银行的存款短期是最安全的，但对于长期来说却是最危险的理财方式。当通货膨胀在5%之下，你把钱存在名义上利率约为5%的银行，事实上它的报酬其实是零。因此，家庭存款在银行里的金额，保持在两个月的生活所需就足够了。

持家也需要有心计，这里说的心计不是防范之术，而是要学会与生活周旋。一个女人只要学会了理财，相信你的家庭一定会更幸福，生活会更多姿多彩。

｛日常生活要斤斤计较｝

《贤文》中说到富从升合起，贫因不算来。它的意思是，如果一个人想变得富有，应该有着积极向上的人生目标，有着合理的理财计划，这是勤俭持家的美德。一个人为什么会贫穷，最主要是因为他从不会打算，不会进行理财。

作为一个有"心计"的女人，你应该在持家方面表现出自己的缜密心思，勤俭持家，做到学会理财，只有这样才能让一个家庭不用为生活发愁，享受美好生活。那么，女人持好家，也应该在日常生活中斤斤计较。

比如说，出门打车，也有省钱的小窍门。先看看车窗上的报价，如果合适的，不要犹豫。如果报价高，若条件允许的情况下，可以再等等。对于一段不太长的路程来说，可能最后省下来的仅仅是几块钱而已，但人们对这样的精打细算都乐此不疲。想起以前看到过的一个笑话，讲的是一个人用了一分钱买了一根针，但针的标价是2分钱3根，于是这个人拿了针后就是不肯走，他非让售货员找给他两张草纸。抠门到了这种程度以致成了经典笑话。但仔细想一下，平日里柴米油盐中的斤斤计较无处不在，哪个菜场的鸡蛋更便宜，哪个超市的洗衣粉价钱更低，哪个商场的打折活动力度更大,哪个商品的赠品更多,每个人似乎都有一套"合算不合算理论"。

事实上,日常生活也许就体现在这样的细密盘算之中,它不是大笔一挥而就的结果,而是点点滴滴,涓涓细流的一个过程。

日本两个人的小家庭每月平均花费在食物上的价钱是五万七千日元,住在北海道生活的27岁少妇铃木明日香,夫妻俩在食物这方面的开支仅有一万九千日元,她说这需要太空科学般的规划,更重要的是坚持。

铃木明日香每周一次出去买菜之前,总会先上网浏览一下,比较哪一家超市的菜最便宜,同时,她也会查看家里冰箱的存货,并对接下来七天的菜单进行策划。

当做好这一切准备工作后,她才带着只是足够买菜的钱出门,当然她是绝对不会用信用卡来赊账。假如当天的天气不错的话,她就会骑着脚踏车上路。

事实上,根据《我的爱妻》的杂志报道,日本像铃木明日香这样的家政能手数以百计。她们也经常互相分享自己的节俭的良方,比如电视不看就一定要关掉、洗米的水会循环使用,利用旧衣物来缝制坐垫,以及用切割过的纸箱给孩子造玩具等。

对于大部分的日本家庭来说,一日三餐是最大的开销,不过,这对持家有方的聪明女人来说,通常还是能做到利用有限的钱,每天变化出不一样的菜色。

做经济独立的新时代女性

{ 女人财务独立才是真正的独立 }

只有财务独立的女人，生活才会有保障！

一个在财务上独立的女人，才能在丈夫，孩子，家人与朋友面前抬得起头。因为当有了足够的经济能力，生命才能够有活力，也能够实现自己的梦想。女性争取财务独立的目的，并不是在争取主权，而是使自己不成为别人的负担和拖累。

对于任何一个人来讲，只有在金钱上独立才能获得真正的独立。所以人们常说"女人就是要有钱"。女人要自立自强，不能有"靠"的念头，因为俗话说"靠山山倒，靠人人跑"，只有靠自己才最安全。一个女人只有金钱上独立了，才会在生活中获得心理上的安宁。

一个人一生的收入来源有工作上的收入和理财上的收入。孔子云："君子爱财，取之有道；君子爱财，更应治之有道。"其中说的"取"就是会赚钱，"治"就是会理财。如果一个人赚钱的能力再强，但却不会理财，到了晚年还是会两手空空，为衣食而忧愁。

那么女人该如何理好财呢？首先就要先从攒钱开始，攒钱是理财的起点。收入就好比一条河流，财富是一个大的水库，花出去的钱就是流出去的水，只有留存在水库里的钱才是你的财。要想攒好钱，就要养成量入为出的好习惯。女人要尽量克制冲动消费，通常女人在消费方面的自制力要比男人差，但要让一个女人完全像男人那样去消费，也是不可能的，如果那样的话女人也就不再是女人了，女人也就不会有可爱的一面了。但是过度的消费往往会使你无财可理。其中信用卡在女人消费的过程中扮演了重要的角色，所以，聪明的女人要慎重使用信用卡。信用卡有时是冲动消费的罪魁祸首，它会使人感觉不到在消费，因此，女人要尽量抛掉手中的信用卡，这是克制冲动消费的一个很好的方法。当然，如果你认为信用卡很有必要，留一张在手里也是可以的，但平时尽量要少用它，尽可能地使用现金付账，这样你就会少花一些钱，多为你的水库存些水。

张艾嘉导演的一部电影名字叫《20、30、40》，电影情节讲述了20多岁的歌手小洁，30多岁的空姐想想和40多岁的花店老板娘亦梅，这三个不同年龄段的女性对待生活，工作，家庭的不同经历及感悟。

就理财方面来讲，20岁、30岁和40岁这三个阶段是一个女人在一生中最为精华的时段，同时也是最重要的30年。聪明的女人不会浪费这30年的财富，她们会通过合理的规划及方法，让自己过上富足的舒适快乐生活。

｛女人就是要财务独立｝

生活中，如果你善于观察就会发现，一般那些美丽且又洒脱的女人，她们的财务都是独立的。

即使一个女人嫁了个有钱的老公，也是要出去工作的。首先，有工作的话会让你有事可做，你生活会过得很充实，要是天天足不出户，闷在家里，任何人都难免会觉得空虚。其次，工作让你有机会去接触了解社会，在思想上也能与时俱进，回到家里和老公有话可谈。第三，这是最重要的一点，工作能让你有收入，自己花自己挣的钱，自然就会觉得"硬气"。

女人不要将自己一生的经济需求都依靠在丈夫身上。同时，女性要想有点财力就要学会理财，千万不要把丈夫看成是你一生要寻找的一张"长期饭票"。

虽然女性真正进入劳动力大军也就不过几十年的时间而已，但是女人们也正在为有独立的财务努力着，她们也越来越对自己有财务独立性而感到自信。西尔里·佩罗克斯对女性在财务上是否独立的调查中对法国女性在调查中位居榜首毫不意外："在法国，女人一向掌管着自己的财政大权，而且她们在很多时候还牢牢掌握着整个家庭的财政大权。"而南非的女性在调查中位居第三则是令人意外，在这个发展中的新兴国家，在10名女性中就有7位认为自己在财务上是独立的。

另外，会理财的女性，也能避免自己成为"被遗弃者"。

曾经听过很多类似的故事，父母两个人一手养大三个孩子，但当父亲过世后，母亲卧病在床，这时三个孩子就将母亲当球踢，谁也不愿意承担抚养母亲的责任，最后竟将母亲放在养老院。

所以，由于母亲在年轻时候没有理财，就算有钱，也都拿来用在孩子的教育及生活费上，结果等孩子一个个成家立业后，各自为自己的家庭而忙碌着，三个孩子甚至为一点赡养费谁付而争吵不休。当母亲突然十分想念最小的女儿时，于是就从养老院坐出租车来到女儿家，没想到女儿竟然以"家里没房间"为借口，随即又叫出租车将母亲赶回养老院。可想而知，假如你是那位母亲，情以何堪？

聪明的女人会理财的话，就可以避免自己成为一个被遗弃者。你完全可以将自己的退休生活预算事先打理好，你就更不需要走到人生的最后一步来检验亲人对你的忠贞疼爱。如果你是一个会理财的女人，那么你也完全可以教教你的孩子该如何钓鱼，而不是一味地给他鱼吃。这样的话，你的孩子就会提早懂得如何理财，他们以后才有能力去帮助更多需要帮助的人。

第九辑 做新时代的职场女性非难事

在"职场如战场"的当今,很多职场中人,可谓都是在夹缝中生存的人。尤其是对于女性朋友而言,做一个轻松的"职场丽人"并非一件容易之事。因为身在职场,你要随时听命于上司的安排和指使;你要时刻提防同事的明枪暗箭,挤压倾轧。一切的一切让你筋疲力尽,让你失去斗志。然而,怎样跳出这个"怪圈",如何在职场中游刃有余,职场"心计"教会你!

不要吝啬与他人分享你的荣耀

{ 如果成功,不要独享荣耀 }

在职场上,如果你得到好的成果,你要清楚功劳是集体的,所得荣誉也应该是大家的,即使你在当中做出了卓越的贡献,也不能将胜利的果实独吞,否则结果就是独吞苦果。当你在工作和事业上有突出表现时,要记住不能独享荣耀,只有这样你的荣耀才能更上一层楼,你的人际关系才会得到进一步的优化。

一个部门经理,经过一年的努力,取得了很好的业绩。到年底,老板在年会上特地表彰了她,除了公司应给的奖金外,还另外给她发了个大红包。在大会上还让她谈谈自己一年的工作感受。她对着麦克风,开始讲述自己一年以来兢兢业业为公司效力,学习了很多知识,也得到了很大的进步等等。但是对上司的信任和重视以及下属、同事们的帮助和配合却只字未提。会后,她直接离开了公司,也没有邀请同事们一同庆贺一下。

虽然,表面上,大家好像没有人在意,但是之后她的上司总是有意无意地刁难她,下属也变得懒散甚至和她顶撞。同事们的渐渐疏远,使她在荣誉中没有快乐多久便陷入了困境,成了孤家寡人。

遇到这样的事情,不能怪同事们度量小,其实让自己陷入困境的是因为你不顾别人的感受在先。为公司效力的每个人都认为自己在别人的成功中有一定的功劳或苦劳,但是自己却只能傻乎乎地望着别人独享这份荣耀,自然心里会有很大的不悦。

如果你成功了，一定要对身边的人表示感谢，因为他们每时每刻都可能在为你的成功做着极其微小的贡献，而这些贡献也是你成功中必不可少的。人们常常见到很多成功人士在面对媒体的采访时，总会说一些感谢家人、朋友，感谢领导，感谢组织，感谢国家甚至感谢对手等类似的话。不要认为这都是华而不实的说辞，相反很有必要效仿。记得要感谢同仁的协助，尤其要感谢比你地位高的人物，感谢他对你的提拔和指点等，不仅能满足他的虚荣心，同时还会消除对你的嫉妒。你所感谢的人会反过来感谢你没有忽视他，如果你感谢下属，他们会因此得到很大的鼓励，日后定会更加努力地配合你的工作。

如果你成功了，一定要记住谦卑。不要以为自己取得了很高的荣耀就会成为不食人间烟火的圣人。你的高姿态也许在短期内不会给你带来影响，但是时间长了，就会有人暗中出招，为你设置障碍。因此，要避免吹嘘自己，不要经常在别人面前提起你的荣耀，否则会让人反感。

独享荣耀的人，会让别人的人生变得相对暗淡，受到别人的嫉妒和排挤也就再正常不过了。如果你懂得感谢、分享和谦卑，就相当于在告诉别人："没有你们，我怎么可能取得今天的成绩。"有了这句话，你的处境就安全多了。因此在职场上打拼的女人，要学会这样的心计，避免被人排挤的困扰。

{ 公司成功了，才有你的成功 }

在公司工作，要明白个人的成功是建立在团队成功之上的，没有公司的快速增长和高额利润，每个人都不可能得到丰厚的薪酬，公司和员工的关系是"一损俱损，一荣俱荣"。当你所从事的工作和公司的生存发展没有任何联系，或者对公司产生坏的影响时，你做得再好，对公司、对上司都是毫无帮助的，你的工作也毫无效率可言。当你所做的工作对公司和上司有价值时，你的工作才能真正称得上是高效率。认识到这一点，你才能很快在工作中得到老板的青睐，甚至在公司中的地位举足轻重。

一定要铭记的是，作为公司的一员，你的使命是帮助老板完成他的目标，然而这些目标却有时简洁明了，有时需要你更深层地挖掘才能得到要领。

作为公司的销售代表，艾米一直对自己拥有公司最多客户的纪录而引以为豪。有一次，她向同行的一位朋友炫耀说，自己如何卖力工作，劝说一个制造商向公司订货，但是朋友对她讲述的这些只是点点头，淡淡地表示赞同，然后问："老板表扬你了吗，加薪还是升职啊？"艾米反问道："难道老板不认为我是在为公司而努力吗？"朋友直视着艾米答道："艾米，你把注意力全部放在一个制造商身上，而他耗费了你太多的精力，到最后他订的货也就那么一点。你应该把注意力盯在比较大的客户身上。"艾米得到朋友的提醒后，便把手中较小的客户交给一位经纪人，虽然她只收到少量的佣金，但更重要的是，她开始努力实现自己的目标——找到那些重要的大客户。几个月后，艾米虽然只签了三个订单，但却完成了别人两年的销量。后来，被提升为销售部经理，事业越做越顺。

在公司工作，时刻提醒自己"公司成功，自己才能成功"并非要你去拍老板的马屁，而是需要你拥有真正为公司、为老板、为上司分忧的团队精神。作为公司的主人，老板主宰着公司的命运，但他并非天才，在工作中他会遇到很多难题。这些难题，也许并不是你分内的工作，但它们的存在却会影响整个团队的前进，如果你能帮老板解决这些难题，无疑会使公司获得更大的成就，同时，也会使你在成功的路上得到更快的进步。一般来说，时刻与公司或组织的发展目标保持一致并能帮助公司取得成功的人，最终往往会成为企业的中坚力量，自己也会成为众人羡慕的成功人士。

女人在职场上打拼本来就是一件很不容易的事，稍不留神就会陷入困境。为了让自己的事业更加顺利，就要学会用一定的心计。如果对自己私人的荣耀太过在乎，不顾公司的总体发展，或者不懂得与别人分享自己的荣耀，会被人看作是目光短浅或小肚鸡肠，一旦在别人心目中成为这样的人，无论你再怎么努力，也得不到周围人的尊重，反而你的工作成绩为你带来更多的鄙夷。

与"职场红人"打好关系

{ 不要怠慢领导身边的任何"红人" }

所谓,十根手指各有长短,何况是领导身边的人。对于一般的民企或国企,一些领导和老板的思想往往都很传统,因此,他们身边大都会自然或不自然地安插一个或几个诸如亲戚朋友。

有个年轻人,到公司不久就做到了部门主管,而且很有发展前途。各部门主管开会的时候,会议室里大多是一些中老年人,越发显得她有朝气。而她总是先听,然后再三言两语地发表自己的意见,既能说到要害,又显得谦虚,很让人叹服。

在公司,老板很欣赏这个年轻人,对她提出的意见和建议也都十分重视。但是她对老板倒不那么恭敬,而对老板的得力助手——分管人事的副总却出人意料地亲近。逢年过节必然登门拜访,而且总要拎点儿家乡的土特产。大家都很奇怪,老板明明是一个有魄力、知人善任的人,而副总却是一个本事不大,心眼不少的人,她却总是讨好副总。后来她对亲密的朋友讲,老板显然是个正人君子,用不着和他套关系,只要好好干,他就会对你满意。而副总则不然,这种人虽然在业务方面没有太大的本事,但他在为人处世上很会用心眼,他不一定能给你起到好作用,但如果他在背后给你起点消极的作用,你肯定会吃不消。之所有要对他好,就是希望他别在背后做手脚。最后,副总对她也很好,经常向她提供一些内部情况。两个人相处得也不错。

人们可能会形成一种心理定式,那就是什么样的人受大家的尊重,有能力,有资历,有头脑,品德好就跟他亲近。如果什么人专门斗心眼,一心钻营,人们往往会躲着他们,疏远他们,事实上这是自己给自己设置绊脚石,只能艰难地度过自己的职业生涯。

领导身边的红人,无论他的能力如何,都不能轻视怠慢,因为他们的意见和建议会对领导产生很大的影响，甚至左右领导的决策。对这些人不敬就相当于自毁前程，对这些人不用心计就相当于对自己的职业生涯满不在乎，结果可想而知。

每个领导身边可能都有一些"隐性红人"，他们虽然没有决策权，但却十分知情，对领导有很大的影响力，如其助理或秘书等等，他们对一些事情往往有举足轻重的作用。千万别将领导身边的这些心腹不放在心上，眼下他们的职位不怎么高，权力也不怎么大，与自己没有直接关系，就认为没有必要重视他们，殊不知，当你在职场上处处碰壁、走弯路时，也许就是这些人在背后出的力。

曹丕即曹操的大儿子，和自己的弟弟曹植争夺太子的宝座。曹植自恃文才过人，父亲又重才胜过一切，便不拘小节，违背曹操的意愿。曹丕自知文才不如曹植，便在一次送行时，一语不发，叩头大哭，令曹操感动不已。曹丕素日尊敬一切父亲身边的人，顺利地走上了从政之路，据史书记载，他还是一个很有政绩的帝王。现在看来，曹植对父亲的作用过于夸大。他以为父亲是说一不二的一国之主，只要父亲喜爱自己，就不必顾及其他人了。曹丕就比较聪明，他调动了父亲方方面面的"亲信"为自己说话，最终继承了大统。

在职场上生存，应该善于职场人际关系的处理，能力重要，但是也不能忽视人脉的作用，这样才不至于让自己处于孤立状态。相反如果好好利用这些人，与之相处好，还能为你的事业带来希望，为你的成功起到很大的积极作用。

{ 做领导身边的"红人" }

出于地位上的考虑，领导身边的红人有时更需要尊重和理解，他们虽然不能说一句算一句，但他们有自己的圈子和能量，千万不要低估这些人，也不要回避，否则很容易产生误会，如果他本人并没有什么地方值得敬重，那就要对他更加敬重了，以免牵动他敏感的神经。好好对待这些力量不可限量的红人，日后你的发展和升迁命运说不定就掌握在他的手里，最起码他是一个比你能用得上力的人。

有些人之所以能成为领导身边的红人，并不是因为他们智商高或者特别勤奋，更不一定是天生的。他们大都具有一些共同特质，低调忠诚，积极主动、不断创新、人脉丰富、高度"自治"，宏观视野、服从领导决策，组织性良好、善于表达沟通，领导身边的红人就是这样练成的。

有调查显示，很多企业的第一"红人"仅有少数几位拥有国外名校学历，也不是每个人都会加班加点，但对公司忠诚、对外低调，是这些红人员工的特质。要长期追随领导，必先博得信任，凡事多为领导考虑；要赢得领导的信任，低调行事也是必备的。

在变化万千的职场中，只靠过硬的专业技能也很难在竞争中胜出。积极主动，并非多做一些额外的琐事，而是在分内工作之外，超越公司要求、突破日常工作惯例，不断创新，以新想法为工作或公司营运带来好处，且能落实执行。专业技巧和积极主动的精神只是基础，要想被重用，工作策略包括要有丰富的人脉网络，并能在工作中自我管理，确保高绩效表现。丰富的人脉，并不局限于本部门或相同工作领域，关键是通过信息交换，与公司以外的专业人士建立起彼此信赖的沟通渠道，以减少在工作中碰到的知识盲点。这个以专业知识为主轴建立起的人脉网，可让红人员工比同事更迅速地掌握信息，提高效率。有人脉网络、懂得自我管理还不够。红人员工即使自己的意见和领导不同，仍然会做一个优秀的追随者，与之保持无间的合作。

要做领导身边的红人，必须有良好的组织悟性，了解组织真实的权力形势，懂得在激烈竞争的职场中，推广自己的理念、解决冲突、达成工作目标。红人一般具备非常出色的影响力，他们懂得恰当地选择信息，用有效的方式去说服特殊的听众。

职场小人物也有大影响

{ 小人物，让你栽大跟头 }

很多人认为，只要自己在公司尽心尽力工作并取得业绩，赢得上司的赏识和老总的关注，升职加薪就指日可待了。有这些想法的人通常没有给予职位不高的小人物应有的尊重，认为得到他们的协助是理所应当的，所以就对他们指手画脚，急躁起来的时候甚至对其拍桌子瞪眼睛的，将人际关系抛到一边，其实这是一个认识误区。

想在办公室生存得顺风顺水，千万不要轻视在办公室中发生的一些鸡毛蒜皮的小事，正是这些小事有可能会左右你的工作效率；更不能小视那些不起眼的所谓"小人物"，他们的潜能会让你大吃一惊，甚至措手不及，影响你的业绩和升迁之路。由于女性的心思比较缜密，对事情难免会有点敏感。作为一个职场女性，很可能遭到同性的嫉妒。在职场上，有很多能力超群、业绩突出的优秀职业女性，就是因为小看了这些小人物而栽了大跟头。

杨忆是一家公司的销售管理人员，她凭着自己的智慧和胆识，为公司的产品打开国内市场立下了汗马功劳。踌躇满志的她以为销售部经理一职非自己莫属了，然而最终却没有得到提升。其实，公司董事会本来打算将其提升为主管销售的副总经理，但是在提名的时候，却遭到了人事部门的强烈反对，理由是，对她的负面意见太大，比如，不懂人情世故，骄傲自大，不善于和同事交流沟通等。没有得到升迁，杨忆只好将自己一手培养成熟的国内市场拱手相让。对此，她非常痛苦，也很疑惑。后来一个同情她的朋友破解了她的疑惑，她的问题在于"忽视了身边的小人物"。有一次，她出去为公司办理业务，在紧要关头却迟迟不见公司的汇票，使得业务泡汤，令她很难堪。这次"事故"背后是一个出纳员在使坏，因为杨忆平时对这个人不冷不热，根本不将其放在眼里。还有一次，杨忆在外办事，需要公司派人协助，不料，被派来的人还在路上就被撤回去了，原来是一位资历较老的员工看不惯她的狂妄和目中无人，因此想办法拖她后腿。

杨忆工作成绩非常优秀，但她却忽视了人际关系的重要性。那些她不太熟悉，不放在眼里的小人物，在关键时刻总坏她的大事，同时也阻碍了公司的发展。最后杨忆不得不伤心地离开了公司。

在职场中，人们要牢记不能忽视小人物，更不能轻易得罪小人物。小人物可能帮不上你的忙，却能坏你的好事。如果不小心得罪了小人物，他们很可能会处心积虑地对付你，甚至会置你于死地。

小人物在面对比其职位高或者能力强的人时候，往往会十分自卑，而越是自卑的人就越在乎那点所谓的"自尊"。也许，你只是无意中触犯了他们一丁点，他们却会将其看作是对他们的极大侮辱，进而对你进行报复。

因此，不要和小人物进行正面冲突，以免留下后患。说不定有一天，你心目中的小人物在某个关键时刻会成为影响你前途的大人物。不妨学会与小人物交朋友，多一个朋友就多一条路。没有这方面的心计，肯定会被小人暗算，尤其女人之间的交往，一定要注意不能因为一件小事而得罪人。如果在小人的损招中栽跟头，这也是你不注意经营人际网而造成的，不能怪别人心胸狭窄或心肠歹毒，这就是职场。

{ 投资"小人物"，会有意想不到的收获 }

职场上，不要忽视在小人物身上不经意的投资，这很有可能会给你带来意想不到的连锁反应。也许你只是因为一些家务事而感到烦恼，但却把这些不良情绪带到了工作中，并不加遏制地在下属面前任意发泄，你时不时将这小小人物当成你的"出气筒"，当然可能大多数员工也只能忍气吞声，但是，其中有些个性和自尊心强的人会在某一天趁你不备而重创你一下。也许这些人有很不一般的家庭关系，其中就有人可以直接参与对你的提拔任免，你的行为正处于人家的监控之中，"授人以柄"岂不因小失大？也许这些人颇有才华，若干年后，其中会有人与你平级甚至高于你的位置，这样相当于你为自己树立了未来的敌人。

任何事物都不可能一成不变，这个世界也在不断地变化之中。小人物不会永远甘于充当小角色，或许有一天他就会变成大人物，多一个朋友总比多一个敌人要好得多，否则你的人生将会充满危险，而这些危险就来自于你对待小人物错误的态度。好好对待你身边的小人物，或许当你消息闭塞时，会有一个你意想不到的朋友给你送来一则起死回生的消息，帮你力挽狂澜；当你仕途低迷时，会有人扶你一把；或者在你的单位进行民主评议的时候，你这个群众关系好的人所得的票数会比别人多。

《战国策》中有这样一件事：中山国君宴请都城里的军士，有个大夫司马子期在座，只有他未分得羊羹。司马子期一怒之下跑到楚国，劝说楚王攻打中山国。中山君被迫逃走，他发现，逃亡时有两个人拿着戈跟在他后面，寸步不离地保护他。中山君回头问这两个人说："你们是干什么的？"两人回答说："我们的父亲有一次快要饿死了，你把一碗饭给他吃，救活了他，我父亲临终时嘱咐我们：'中山君如果有难，你们一定要尽死力报效他。'所以我们决心以死来保护你。"中山君感慨地仰天而叹："给予，不在于多少，而在于正当别人困难时，你给予的小小帮助；怨恨，不再于深浅，而在于恰恰伤害了别人的心。我因为一杯羊羹而逃亡国外，也因一碗饭而得到两个愿意为自己效力的勇士。"

曹操更是因为对待"小人物"态度的不同而对其人生大业产生了关键的影响。在官渡之战当兵力处于劣势时，曹操听说袁绍的谋士许攸来访竟顾不上穿衣服，赤着脚出来迎接，对许攸十分尊重。许攸被他的诚意感动，遂为曹操出谋划策，帮了他的大忙。礼贤下士的曹操借助这个"小人物"的力量成就了许多大事。然而曹操也吃过忽略"小人物"的亏，当他正一帆风顺时，西川的张松前来献地图，他态度傲慢，以至于给张松留下了"轻贤慢士"的坏印象，于是张松改变了主意，把本来要献给曹操的西川地图，转而献给了刘备。这对曹操来说不能不是事业上的一大损失。可以想象，曹操对张松如果能像当年对许攸那样尊重，说不定早就得到了西蜀的地盘。

对于每个人来说，都会有得意和失意的时候。当你的事业很顺利的时候，对身边的小人物也适当地给予恩惠，当你的事业走入低谷时，这些人就会知恩图报，救你于水火中。无论是昔日的小人物，还是今日的大人物，人家怎样对你，都与你往日的为人处世的态度有关，好的结果是自己做过好事而应得的，被人排挤的结局也是源于你不恰当的对人对事的态度。总之，一切后果源于自己的行为。

职场也需多些包容心态

{ 得理也要让人 }

人们都知道有理走遍天下,无理寸步难行的道理。人们深知无理很难得到大家的认同,自己都会感觉理亏,但是当你得理,"理"到你手里时,你又会怎么做呢?

现实生活中,有些上司批评别人,常常会有"得理不让人"的情况,气势汹汹,结果被批评的人要么毫不买账,言行举止反而变本加厉,要么就是口服心难服,满腹牢骚与幽怨,这样的批评没有一点意义。每个人生活在这个世界上,每天都会遇到不同的事,而且不可能事事顺心,很可能你是有理的一方,但是有理就一定要不让人吗?

有理才能服人,讲理是一种前提,但是有理也应该学会让人,只要不涉及原则问题,批评应该委婉,即使有理也应该用一种比较容易让人接受的劝服,这样才能达到双赢的效果。

很多冲突,都是由于一方或双方纠缠不清,或者得理的人不让人,一定要争个胜负,结果矛盾越闹越大,事情也更加僵化。人们应该用点心计,心计在这里并不是贬义的坏心眼,而是一种得当的计谋。在一些小事上,没有必要非将事情的原委弄得一清二楚才罢休。用宽容的心对待别人,"得理让人"也是一种绝妙的处世方式。

两个和尚,为一件小事儿吵得不可开交,两人互不相让。第一个小和尚怒气冲冲地去找师父评理,师父在静心听完他的话之后,郑重其事地对他说:"你是对的!"于是第一个小和尚得意扬扬地跑回去宣扬。第二个小和尚不服气,也跑来找师父评理,师父在听完他的叙述之后,也郑重其事地对他说:"你是对的!"待第二个小和尚满心欢喜地离开后,一直跟在师父身旁的第三个小和尚终于忍不住了,他不解地向师父请教:"师父,您平时不是教我们要诚实,不可说违背良心的谎话吗？可是您刚才却对两位师兄都说他们是对的，这岂不是违背了您平日的教导吗？"师父听完之后，微笑着对他说："你是对的！"第三位小和尚此时恍然大悟，拜谢师父的教诲。

这个故事说明了一个道理，即以每个人的立场来看，他们都是对的。只不过因为每个人都坚持自己的想法而无法将心比心，站在别人的角度去考虑，冲突也就在所难免了。学会为别人考虑，充分地去理解别人的感受，凡事宽容大度，就可以避免很多争执。如果，你只是一味地去追究谁对谁错，只会给自己增添很多烦恼，也不利于你的人际关系发展。

女人，是最容易冲动和较真的，由于感情比较细腻，很容易在计较一些细节问题时钻进去无法自拔，这也是造成冲突的重要诱因。当你抓住别人的把柄时，先不要急着去找人理论，冷静下来，想想有没有这样做的必要，如果你这样做了会带来什么样的后果。尽量客观地、全面地思考问题，也多为对方想想，一场毫无意义的口水战就会被遏制，同时，还能为自己多争取一个朋友。如果任由自己的情绪左右你行为，不懂得一点职场心计，即使你有很充分的理由，也不一定能让犯错的人悔悟，相反，还会为自己的职业道路设置障碍。逞一时口舌之快，得不偿失，源于自己不会用心计。

{ 办公室心计——宽容的智慧 }

办公室是公司员工的办公场所，虽然人和人在工作中难免会有摩擦，但是要记住宽容的智慧，要理性处理，不要盛气凌人、得理不饶人。就算你赢了，大家也会对你另眼相看，觉得你是个不给朋友余地，不尊重他人的同事，以后也会暗地里防着你，于是你会失去真正的朋友。此外，被你的斤斤计较损伤自尊的同事，很可能会记恨在心，这样你就会在前进的道路中多一个隐患。

因此，无论在什么样的情况下，都要好好说话，切忌将与人交谈当成一场辩论赛，凡事多用点心计，以宽容为本。在办公室里与人相处要友善，说话态度要和气，即使是有了一定的级别，也不能用命令的口吻与别人说话。虽然有时候，大家的意见不能够统一，但是有意见可以保留，对于那些原则性并不很强的问题，没有必要争得你死我活。有些问题根本就不值得提出来，你也不希望大动干戈地把小分歧变成大冲突。如果一味好辩逞强，会让同事们对你敬而远之。

说话也要分场合、要有分寸，关键要得体。不卑不亢的说话态度，优雅的肢体语言，活泼俏皮的幽默都是语言的艺术。如果你是一位嘴巴不肯饶人的人，那么你在与同事交谈时，一定要学会克制自己，不能总想在嘴巴上占尽同事的便宜，否则时间长了，同事就会逐渐疏远你。例如，有些人喜欢说别人的笑话，讨人家的便宜，虽是玩笑，也绝不能以别人吃亏为前提；有些人喜欢争辩，有理要争理，没理也要争三分；有些人不论国家大事，还是日常生活小事，一见对方有破绽，就死死抓住不放，非要让对方败下阵来不可；有些人对本来就争不清的问题，也想要争个水落石出；有些人极具侵略性，常常主动出击，人家不说他，他总是先说人家，永远要做胜利者，而且要别人信服他。有些人喜欢大呼小叫，见高拜、见低踩，小事要化大，令人烦不胜烦。

　　作为有心计的女人，无论是在说话上，还是真正的办事上，都要学会宽恕人，如果你是个大度的人，就要在说话做事上都能做到宽容。而对于那些总是得理不饶人的人，最好不要参与到一些说不清的事情当中，即使与你有关，也最好不要非与对方争个高低是非。当他因某事大发雷霆，但这事与你没半点关系，最好别花时间去了解，将麻烦留给别人好了；有人找你评公道，淡淡地说："事情始末我不清楚，不敢妄下断语。"当然，茶余饭后，有人提及，你同样只宜做听众，切莫提意见。如果事情与你有直接关系，最好采取低姿态，对方脾气火爆就让他发泄，切忌与他对骂，而且要避免直接与他摊牌。要做报告的话，只将事情始末呈报上级，所有是与非任由他去裁决。但你要保持风度，在事后也应保持缄默，或者索性忘却整件事，只记取对方的弱点就够了。有时候，争到底的人即使有理，他那种姿态也会让别人反感，别人反而觉得他无理。在争执中，保持低姿态的人，往往能得到别人的同情和支持。

　　聪明的人都善于将宽容的智慧牢牢记在心里，并能时刻践行。须知智慧不是一个戴在脸上的华丽面具，不是老挂在嘴旁的口头禅，智慧只应体现在踏踏实实的人生进程中。在待人接物时，要善于发现别人的长处，尊重别人，不要动辄就口无遮拦地对别人品头论足、议论别人的美丑贤愚，不要老揪住别人的小过失不放。如果不学会尊重各种各样的人，就会影响人与人之间的亲密关系；同理，平日不可因追求一时的口舌之快而做意气之争，更不可因意气用事而得理不饶人，做到有理也要让同事三分。做一个宽容大度的女人，既能让自己活得洒脱，也能得到别人的敬重。很多人都对那些喜欢胡搅蛮缠，得理不饶人的女人产生畏惧而疏远，这种畏惧中没有丝毫的尊敬，甚至当这样的女人犯了哪怕一个小错误时，也会得到以牙还牙的反击。而对于宽大为怀的女人，更多的是敬畏，即使发现其犯错，也同样能给予一定的包容。

职场女性更要学会自我保护

{ 遭到男同事攻击的原因 }

任何事情都讲究男女搭配，职场也不例外，有女性自然也就有男性。而且之前一直是男性处于主导地位，但是随着时代的进步，女性甚至已经超越了男性，开始在职场中占有举足轻重的位置。而女性在职场上的出现，也使男性有了攻击的对象。这种攻击或明或暗，而产生的原因却只有两方面，一是想要追求女性，二是女性能力太突出。

首先对于第一个原因，是男同事对你有一些想法造成的。在当今社会，结婚已经成了一大难事，剩男剩女更是数不胜数，所以男同事就有近水楼台先得月的优势，自然不会错过这样的机会。其实在某种程度上，男人对于与他们一起工作的女性都会有一定的好感，尤其是当两人深入交往的时候，在某些地方出现共鸣，更是能够引起男同事的强烈好感。所以，自然就会展开追求攻势。虽说办公室恋情一直是比较敏感的，但是这依然不能阻止男同事的热烈追求。

第二个原因就是自己工作太突出，引来了男同事的不满，本来在职场上占据主导地位的男性，却沦为女性的手下败将，任谁都不会觉得服气。所以，不要认为只有女人才是小心眼，男人也是一样的，只是没有进入到他的"雷区"。一旦因为女性的能力太强而超过男同事的时候，他势必会发起某些进攻，比如散布谣言诽谤你，或者给你制造难堪等，都是他进攻的方式。

所以基于这两方面的原因，女性很有可能在职场上遭到男同事的进攻。而且对方显然不会因为你是女人而手下留情，所以对于职场女性来说，就要有一定的心计，学会保护自己，不论对方的目的是恋爱还是工作，都要采取一定的手段巧妙地化解。对于女性来讲，职场不仅是男性的舞台，也要充分认识到自己的作用，不要因为男同事的攻击就变得软弱，而应该勇敢地去面对，与其一争高低。

{ 巧妙化解男同事的攻击 }

尽管在职场上男性是占据大半壁江山的，但是面对男同事的攻击，女性可以使用一些巧妙的手段进行化解，改变他们对自己的看法，甚至是一些非分之想。而这些方法既可以委婉地拒绝他们，也可以为自己保留了一定的余地，不致在以后的工作中造成尴尬的局面。

对于追求自己的男同事：

1. 参加某个活动的时候，尽量保持和多个同事去，而不是和追求自己的男同事单独去。如果要回家，也要拒绝他的单独相送，而且不要参加一对一的活动。

2. 两个人不要有过多的交往，即使是在私下谈公事，也会随着逐渐地放松而各自聊起私事，一旦进入到对方的生活领域，就等于是接受对方的许可证，以后的情形就可想而知了。

3. 不要询问自己男同事交友的问题，如果真要问候，也只能向其父母问好。

4. 吃饭的时候尽量选择工作餐，而不是和他共度晚餐，以免让人产生暧昧的感觉。

5. 如果听别人讲了一个黄色笑话，然后笑笑，并转到其他合适的话题上或者礼貌地离开房间。

6. 明确告诉对方自己已经结婚了或者是已经有了男朋友，让对方知道自己对他没有任何的意思，只是同事关系而已。

7. 尽量不要把自己打扮得太花枝招展，穿工作服或者宽松一点的衣服就可以了。

对于攻击自己能力太强的男同事：

1. 及时向男同事示弱，让他认为自己其实没有想象中的强，只是运气而已。

2. 向男同事寻求帮助，证明有些问题是自己解决不了的，对方看到这种情形，出于对女性的尊重，对方一定会伸出援手。

3. 偶尔满足男同事的虚荣心，适时收起自己的锋芒，让对方也有表现的机会。

4. 即使自己有什么功劳，也要保持低调，尽量做到不大声宣扬，并与他人一起分享功劳。

5. 即使某个男同事的攻击再猛烈，也不要因此就方寸大乱，宽容一笑，就当作自己不知道就好了，而这样的大度也会让其他同事认为是那位男同事在无理取闹。

6. 与男同事进行沟通，化解两者之间的矛盾，并适时在背后说男同事的好话，让对方觉得羞愧。

职场上的明枪暗箭防不胜防，即使是女性也不能避免来自男同事的明枪暗箭，所以女性就要有一定的心计，防备男同事的进攻，及时采取一定的手段来对付，这样才能在职场上做到无往不胜。

对待同事一视同仁

{ 职场嫉妒躲不开 }

职场就是一个小社会，形色各异的人都是这个社会的一分子，自然每个人的心理都不一样。处在职场，如果自己不长个心眼，就很难在其中生存。尤其是女性，往往更是容易引起其他人的各种看法，尤其是当自己在某一方面突出的时候，招致而来的就是他人的妒意。而随着时间的推移，这种嫉妒就会演变成为一种排斥，最后自己就变得孤立。

嫉妒是一种常见的心理状态，每个人都有嫉妒之心，当看到别人比自己强的时候，当别人拥有自己没有的东西的时候，当别人取得某种成就的时候……都会成为他人嫉妒的缘由。而这种现象在职场上更是常见，有些人心胸狭窄，见不得别人比自己好，由于内心无法安宁，就会将嫉妒转化为行动，到处散播谣言，诽谤，以德报怨，唯恐天下不乱。面对这种情况，你是躲不开的，只能选择接受。但是坦然面对的同时，也要知道自己引起他人妒意的原因是什么，只有从根源入手，才能够与他人建立和谐的人际关系。

首先是自身条件的原因，比如身材好，或者是长得漂亮。不要认为这些不会成为职场中他人产生嫉妒的焦点，越是漂亮的女人就越容易引起同性的嫉妒。如果是自己自身的条件引起了他人的妒意，就要从自身入手，尽量不要将自己打扮得太漂亮或者穿得太时尚，让自己保持低调，尽量与他人的步调保持一致。虽说这是自己的资本，但是想要融入职场生活，就要学会隐藏自己。

第二是得到上司的赏识，比如去某地出差，上司委以重任等，都是他人产生嫉妒的原因。所以这个时候不论自己是否是凭借自己的能力取得上司的信任，都要学会不炫耀，面对他人带有一定"味道"的赞赏，笑笑便过去了。切莫引以为傲，到处宣扬，这样只会更加让自己陷入孤立无援的状态。

第三就是自己的能力太强,锋芒毕露,做任何事情都能够圆满完成,不给他人任何表现自我的机会。虽说职场中是以能力取胜,能力也是衡量一个人是否能够胜任某项工作的标准。但是自己能力太强,就会给他人造成一定的压力,进而就会产生妒意。所以,要适时向他人示弱,证明自己有些地方是不如他人的,及时向他人寻求帮助,才能避免他人的嫉妒。

第四就是与其他同事之间的关系太好了,是个好好小姐,以至于引起其他人的不满。在职场之上,人际关系始终是永久不变的话题。而对于自己来说,不仅要处理好与上司的关系。更要处理好与同事之间的关系。所以,无论对哪个同事,都要一视同仁,既不偏向也不包庇,同等对待。

{ 坦然应对即可 }

工作努力得到应有的奖赏,却被传为是靠谄媚奉承才得到提拔的;辛辛苦苦工作之后取得一些成绩,却招致了其他人的冷嘲热讽;因为穿了一件漂亮的衣服,却听见别人说自己太招摇……种种的种种,无论自己做什么都会招来他人的不满。作为职场女性确实是非常悲哀!其实自己本没有错,只是因为自己的某些原因很有可能会引起他人的嫉妒,才出现了自己不受欢迎的结果。古人曰:"不为人嫉是庸才"。被人嫉妒是自己太出色,所以对于他人的嫉妒之心,不能避免就坦然应对。

历史证明,贤能之人总是会招致他人的嫉妒:唐肃宗嫉妒郭子仪的将才,屡屡夺其兵权;唐宪宗嫉妒韩愈的文才,屡屡将其贬职;战国庞涓嫉妒孙膑才略,刖其膝骨。历史发展到今天,嫉妒已经不足为奇。即使是身为女性,其能力却一点都不输给男性。在职场竞争中的脱颖而出,更是容易引起他人的嫉妒心理。编造子虚乌有的丑行绯闻,诋毁他人名誉;恶人先告状,造谣生事;甚至会直接升级为一些实际的手段,处处排挤你。这都是被嫉妒心理所害。日本有个研究嫉妒心理学的学者诧摩武俊认为:"所谓嫉妒,就是自己以外的人,占有比自己优越的地位,或者是自己宝贵的东西被别人夺取,或将被夺取的时候所产生的感情。这种感情,是一种极欲排斥别人优越的地位,或想破坏别人优越的状态,含有憎恨的一种激烈的感情。"所以无论是嫉妒人还是遭人嫉妒,都是一件坏事,而且很有可能会演变成为一场战争。

荀子说过:"士有妒友,则贤交不亲。君有妒臣,则贤人不至。"女性在面对职场上的嫉妒之人时,要做的就是坦然应对,不能硬碰硬,造成人际关系的紧张,从而影响到自己的工作,甚至是生活。面对他人的嫉妒,一是要学会宽容,知道人人都有一颗嫉妒之心,也包括自己,所以在别人由嫉妒而演变为行动的时候,就要保持宽容,让他人觉得自己没有什么可嫉妒的地方;二是要学会低调,不在他人面前过多地表现自己,减少自己被攻击的机会;三是学会与人沟通,采用一些委婉的方式让别人了解自己所取得的成功是因为自己努力的结果,并学会尊重他人,将自己看成是他们中的一员;四是不要独占全功,将自己的成功与他人分享,并强调是他人的功劳;在背后说嫉妒自己的人的好话,一旦传到对方的耳朵里,对方就会不好意思再说什么。

当遭到他人嫉妒的时候,身为职场女性要有一颗宽容大度的心,能够海纳百川,这样一来,嫉妒所造成的谣言和毁谤就会不攻自破。所以,职场不仅是男人的"斗兽场",也是女人的"斗秀场",做一个有心计的女人,才能秀出自己。

与异性同事相处有度

{ 职场越界不可为 }

与上司相处是一门学问，尤其是女下属在与上司相处的时候，更是需要了解其中的各种"学科"。

对于与男上司相处的女下属来说，有时候很难把握与其相处的"度"，一不小心就跨越了"雷池"，进入了男上司的雷区。对于这种状况在实际生活中并不少见，很多女下属因为没有把握好与男上司相处的"度"，而惨败于职场。

与上司相处的过程，实际上就是与上司交流信息而相互作用的一个过程。但是当这种信息交流如果超出了工作的范围，就很有可能达不到交流的目的。所以，与男上司相处的时候一定要把握好其中的"度"，以免掉进"雷池"再也出不来。

和上司在同一个屋檐下工作，抬头不见低头见，而上下级之间就会存在一块有形无实的空白地带，而这块空白地带便是两者之间的界。如果一个不小心跨越了界，麻烦便会接踵而至。就算自己没有感觉，但是在其他同事看来，自己已经越界了。

比如和自己的上司谈论各自的私生活，搭上司的顺风车回家，和上司单独吃饭等，都是跨界的表现。作为女下属，只要履行自己的责任，能够圆满完成自己的工作任务就是最好的，不必因为要处理与上司的人际关系而过度与上司交往，没有把握其中的"度"。

在心理学上，交往是指人与人之间的心里接触或者是直接沟通，彼此达到一定的认知；在哲学上，交往是指人所特有的相互往来关系的一种存在方式；在社会学上，交往是指特意完成的交往行为，进而通过这种行为特定的社会联系；在语言学上，交往的主要作用就是用来表明交流的信息。无论怎样规定交往的定义，与上司之间的往来也是一种交往，但是没有一项定义表明自己可以跨越交往的界限。

因此，在与自己的上司交往的时候，要学会处理你们之间的关系，既不能"不及"，也不能"过度"，而是与上司保持一个有利于自己工作和事业关系的恰当限度，即所谓的"适度"。

1. 尽量与自己的男上司保持一定的距离，最好不要与他单独待在一起，即便是工作，也要和其他同事一起。否则，即使自己觉得是为了公事，没有什么，但是不能避免别人也会和你有同样的想法；

2. 让自己的上司知道自己已经有了男朋友或者是已经结婚了，而且两人之间的感情很好，避免男上司对自己有过分的要求；

3. 如果上司对自己有什么想法的话，就要和他说明白，不要拖拖拉拉；

4. 不要随便和上司撒娇，上司不是自己可以撒娇的对象，要保持职场女性的干练与成熟；

5. 无论是上司还是同事都要一视同仁，只是对上司多了一份尊重。

｛把握好与上司相处的"黄金分割点"｝

女下属在与男上司相处的时候，很难把握其中的"度"，因为一不小心就会涉及上司的私生活，或者是因为自己的某个举动就很容易引起其他同事的非议。所以不管自己怎么做，有时候就是会对这种"度"而无能为力。然而你要明白的是，这种"度"不仅涉及与上司的交往密切，还包括自己的越位，即做了自己不该做的事，与上司的角色互换了。这是比与上司过度交往更加令人恼火的问题，尤其是上司。

所以与上司相处的时候就要给自己划定"黄金分割点"，以免自己与上司交往过度。

一般与男上司交往要把握这四个"度"，即角色、非角色、心理、频率。

1. 把握好角色交往的"度"

角色交往最重要的是能够以被管理者的身份与自己的上司进行交往。上司有组织、指挥和管理的权利，属于管理者；而下属则是依照上司的指示，协同上司的工作，属于被管理者。如果不能摆正自己的位置，扮演好被管理者的角色，就很有可能产生越位或者是越权的现象，这势必对自己是不利的。假使与上司过于近乎，没有保持应有的距离，就会造成其他同事对自己的猜疑。如此一来，就很容易遭到排斥。所以一定要把握好于男上司相处的"度"，如果自己关系处理不当，就会在职场中遭殃。

2. 把握好非角色交往的"度"

非角色是指以个人身份与上司进行交往，其中感情成分居多，而工作成分较少。适度的非角色交往，更有助于自己与男上司的沟通，增进彼此之间的感情。但是一旦这种非角色交往过度，就会成为自己的一种负担，影响自己的工作和生活。非角色交往如果不能把握其中的"度"，很有可能会掺入一些私人感情，久而久之就会参与到上司的私生活之中，以致到最后自己想要抽身出去就变得很困难。所以要将公私分开，讲求公私分明，把握好自己的非角色。

3. 把握好心理交往的"度"

在职场上，进行语言交流的同时，必然会进行心理交往。如果自己性格内向，存在自卑、怯懦等心理，不与上司进行主动的沟通，两人就不会有任何的心理接触；相反，如果与上司的心理交往"过分"或者是"过度"，也是不可取的。心理交往过疏，自己就不能在职场中获得任何机会，心理交往过密，就容易遭遇"滑铁卢"。所以，与男上司交往的时候，也要注重心理交往的"度"。

4. 把握好交往频率的"度"

所谓的交往频率，就是与上司交往的多少，不管是在工作中还是在生活中，都要把握与上司交往的频率。其次数不能过多也不能过少，间隔时间不能过长也不能过短。如果与上司交往频率过高，就很容易招人非议，即使是为了工作，再次与上司交往的时候也会感觉不自然。甚至会引起上司的误会，使上司觉得你对他有什么过分的要求。而自己想要升职的愿望就会变得很渺茫。所以，掌握好与上司交往的频率，做一个有心计的职场女人。